Prom. Nr. 1605

METHODEN ZUR GENÄHERTEN BERECHNUNG VON EIGENWERTEN ELASTISCHER SCHWINGUNGEN ANISOTROPER KÖRPER

VON DER
EIDGENÖSSISCHEN TECHNISCHEN HOCHSCHULE IN ZÜRICH
ZUR ERLANGUNG
DER WÜRDE EINES DOKTORS DER NATURWISSENSCHAFTEN
GENEHMIGTE

PROMOTIONSARBEIT

VORGELEGT VON

HANS J. MÄHLY
VON BASEL

Referent: Prof. Dr. P. SCHERRER
Korreferent: Prof. Dr. H. ZIEGLER

Springer-Verlag Berlin Heidelberg GmbH 1951

ISBN 978-3-662-23287-3 ISBN 978-3-662-25320-5 (eBook)
DOI 10.1007/978-3-662-25320-5

Veröffentlicht in:

ERGEBNISSE DER EXAKTEN NATURWISSENSCHAFTEN

Band 24, S. 402—442

Einleitung.

In der vorliegenden Arbeit soll der Versuch gemacht werden, die wichtigsten Methoden zur genäherten Berechnung von Eigenwerten auf den Fall von Schwingungen anisotroper Körper zu übertragen und im Anschluß an diese Methoden einige neue Formeln herzuleiten, die sich bei numerischen Rechnungen als wertvoll erwiesen haben.

Physikalisch ist das hier behandelte Eigenwertproblem durch die Voraussetzung beschränkt, daß das HOOKEsche Gesetz gelten soll und daß der Ruhezustand des Körpers, d. h. der undeformierte Zustand, stabil sei, daß also für jede Deformation Arbeit geleistet werden muß; dagegen darf der Körper sowohl anisotrop als auch inhomogen sein. Aus diesen Voraussetzungen ergibt sich, wie im *I. Abschnitt* gezeigt wird, eine *Differentialgleichung* der Form:

$$\sum_{\mu,\sigma,\tau=1}^{3} \frac{\partial}{\partial x_\mu} C_{\mu\nu\sigma\tau} \frac{\partial}{\partial x_\sigma} \mathfrak{f}_\tau + \varrho \lambda \mathfrak{f}_\nu = 0 ,$$

wobei die Koeffizienten $C_{\mu\nu\sigma\tau}$ sowie die Dichte ϱ stückweis-stetige Funktionen des Ortes sind. Die Eigenwerte λ_i werden aber erst durch die Angabe der *Randbedingungen* bestimmt; wir beschränken uns auf die beiden wichtigsten Fälle, daß die Oberfläche des Körpers entweder kräftefrei ist, was mathematisch durch die *Randbedingung für freie Ränder*:

$$\sum_{\mu,\sigma,\tau=1}^{3} \mathfrak{n}_\mu C_{\mu\nu\sigma\tau} \frac{\partial}{\partial x_\sigma} \mathfrak{f}_\tau = 0$$ [1]

ausgedrückt wird, oder daß die Oberfläche unbeweglich ist; dann muß am Rande

$$\mathfrak{f}_\tau = 0$$

sein (*Randbedingung für feste Ränder*). — Dieses Eigenwertproblem ist nur für ganz wenige Spezialfälle exakt lösbar [2]; das Schwergewicht dieser Arbeit liegt deshalb auf der Darstellung von Näherungsmethoden.

Im *I. Abschnitt* werden zunächst die bekannten Grundgleichungen der Elastizitätstheorie unter Verwendung einer bequemen indexfreien Tensorschreibweise zusammengestellt und im 2. Paragraphen auch für

---

[1] Mit $\mathfrak{n}_1$, $\mathfrak{n}_2$, $\mathfrak{n}_3$ bezeichnen wir die Komponenten der Einheitsnormale auf der Oberfläche des Körpers.

[2] Nämlich meines Wissens nur für isotrope Kugeln und Kugelschalen (7); dagegen können, wie ORTVAY (15) bemerkt hat, die Schwingungen eines Quaders, ja selbst eines isotropen Würfels, weder bei fester noch bei freier Oberfläche exakt berechnet werden, sondern nur bei experimentell nicht realisierbaren „gemischten Randbedingungen".

allgemeine, krummlinige Koordinaten formuliert. Im 3. Paragraphen wird die Gültigkeit der Vollständigkeitssätze (Vollständigkeit des Systems der Eigenfunktionen) postuliert; daß diese Sätze tatsächlich richtig sind, erscheint vom physikalischen Standpunkt aus fast selbstverständlich, aber ein exakter mathematischer Beweis liegt meines Wissens nur für verwandte, etwas einfachere Fälle vor.

Im *II. Abschnitt* werden zunächst die Ziele und Möglichkeiten der genäherten Berechnung von Krystallschwingungen besprochen. Danach wird das RITZsche Verfahren als Stammvater einer ganzen Familie von Näherungsmethoden eingehend besprochen und es werden einige wichtige mit dem RITZschen Verfahren zusammenhängende Sätze bewiesen. Die Iterationsmethode und das GRAMMELsche Verfahren werden der Vollständigkeit halber erwähnt, sind aber für die Berechnung von Krystallschwingungen i. a. nicht brauchbar. Im 8. Paragraphen wird das schwierige Problem der Berechnung (oder wenigstens Abschätzung) unterer Schranken besprochen, wobei die beiden wichtigen Sätze von TEMPLE und WEINSTEIN erweitert und in Zusammenhang gebracht werden. Man kann nämlich auch für höhere Eigenwerte untere Schranken berechnen, wenn man eine nicht zu schlechte untere Schranke für den nächsthöheren Eigenwert kennt; bei Verwendung eines linearen Ansatzes kann man diese unteren Schranken ähnlich wie beim RITZschen Verfahren direkt aus einer Säkulargleichung gewinnen, ohne Berechnung der Koeffizienten des linearen Ansatzes. Auch die oberen Schranken des 9. Paragraphen sind neu, doch ist ihre praktische Bedeutung wohl weniger groß.

Im *III. Abschnitt* werden die wichtigsten Formeln der Störungsrechnung hergeleitet. Auch hier gehen wir nicht von Differentialgleichung + Randbedingung aus, sondern direkt vom Variationsproblem, wodurch die Beweise einfacher und übersichtlicher werden als bei der üblichen Methode. Man sieht dann auch sofort, daß mit der *ersten* Näherung für die Eigenfunktionen die Eigenwerte nicht nur in zweiter, sondern auch in *dritter* Näherung berechnet werden können.

Es lag nicht in meiner Absicht, eine vollständige Aufzählung aller Näherungsmethoden zur Berechnung von Eigenwerten zu geben, sondern vor allem die wichtigsten Formeln so zu verallgemeinern und darzustellen, daß sie unmittelbar für die Berechnung von Krystallschwingungen (und natürlich auch von Schwingungen isotroper Körper) gebraucht werden können. Die Schwierigkeiten und Möglichkeiten der praktischen Rechnung hoffe ich bald an einer Reihe von Beispielen erläutern zu können.

(Vgl. unsere kurzen, vorläufigen Veröffentlichungen über Schwingungen von Platten und Stäben (10), (11).)

Die genäherte Berechnung von Eigenwerten elastischer Schwingungen anisotroper Körper.

Von

HANS J. MÄHLY.

Inhaltsverzeichnis.

Feststehend gebrauchte Bezeichnungen.

Wo nicht anders vermerkt gelten folgende Bezeichnungsregeln:

kleiner lateinischer Buchstabe, kleiner griechischer Buchstabe . . . Skalar (Invariante).
kleiner deutscher Buchstabe . . . . Vektor (Tensor 1. Stufe).
großer griechischer Buchstabe . . . Tensor (Tensor 2. Stufe).
großer lateinischer Buchstabe . . . Bitensor (Tensor 4. Stufe).

Für die Wahl der Indices gelten folgende Regeln:

kleine *griechische* Buchstaben stehen bei den *Komponenten* ein- und desselben Vektors oder Tensors,

kleine *lateinische* Buchstaben dagegen dienen zur Unterscheidung *verschiedener* Skalare, Vektoren oder Tensoren.

Ferner bezeichne wie üblich:

ϱ die Dichte des Körpers,
$\lambda = \omega^2$ den Eigenwert = Quadrat der Kreisfrequenz,
$\mathfrak{e}_1, {}_2\mathfrak{e}, \mathfrak{e}_3$ die drei Einheitsvektoren eines kartesischen Koordinatensystems,

$\mathfrak{n}$ ..... die *äußere* Einheitsnormale der Oberfläche,
$\mathfrak{r}$ ...... den Ortsvektor mit den Komponenten x_1, x_2, x_3,
∇..... den Nablaoperator mit den Komponenten $\nabla_\sigma = \frac{\partial}{\partial x_\sigma}$,
G ..... das „Grundgebiet" = der vom Körper eingenommene Raum,
Γ ..... die Oberfläche des Körpers,
$\int \ldots dS$ das Integral über das Grundgebiet G,[1]
$\oint \ldots d\sigma$ das Integral über die Oberfläche Γ,[1]
L_i..... obere Schranken für den i-ten Eigenwert λ_i,
l_i...... untere Schranken für den i-ten Eigenwert λ_i.

Produkte mit Tensoren sind nach folgender Regel zu bilden[2]: In jedem Produkt versehe man zuerst (in Gedanken) den Tensor höchster (n-ter) Stufe mit einer entsprechenden Zahl von Indices $\alpha_1, \alpha_2, \ldots, \alpha_n$. Danach hänge man auch den übrigen Faktoren eine ihrer Stufe entsprechende Anzahl von Indices an, wobei man bei den linken Faktoren von links beginnt (mit $\alpha_1, \alpha_2, \ldots, \alpha_k$), bei den rechten Faktoren aber von rechts (mit $\alpha_n, \alpha_{n-1}, \ldots, \alpha_l$). Schließlich summiere man alle doppelt vorkommenden Indices von 1 bis 3.

Beispiel: $\mathfrak{P} = \mathfrak{n} C \Omega$ bedeutet $\mathfrak{P}_\beta = \sum_{\alpha,\gamma,\delta=1}^{3} \mathfrak{n}_\alpha C_{\alpha\beta\gamma\delta}\, \Omega_{\gamma\delta}$

Produkte zweier Vektoren: Das *Skalarprodukt* zweier Vektoren ist ein Spezialfall der obigen allgemeinen Regel. — Daneben brauchen wir das *Tensorprodukt*:

$$\Gamma = (\mathfrak{a}, \mathfrak{b}) \quad \text{bedeutet} \quad \Gamma_{\alpha\beta} = \mathfrak{a}_\alpha \mathfrak{b}_\beta$$

und das *Vektorprodukt* (im wesentlichen der schiefsymmetrische Teil des Tensorprodukts):

$$\mathfrak{c} = \mathfrak{a} \times \mathfrak{b} \quad \text{bedeutet} \quad \left\{ \begin{aligned} c_1 &= \mathfrak{a}_2\mathfrak{b}_3 - \mathfrak{a}_3\mathfrak{b}_2 \\ c_2 &= \mathfrak{a}_3\mathfrak{b}_1 - \mathfrak{a}_1\mathfrak{b}_3 \\ c_3 &= \mathfrak{a}_1\mathfrak{b}_2 - \mathfrak{a}_2\mathfrak{b}_1 \end{aligned} \right\}$$

Wirkungsweise des Nablaoperators: Der *Nablaoperator* wird in bezug auf Multiplikation und Summation wie ein gewöhnlicher Vektor behandelt, *differenziert* aber alles (und nur), was in demselben Produkt, oder, wenn vorhanden, in derselben Klammer, *rechts* von ihm steht.

Beispiele: In $(\nabla, \mathfrak{w})\, C\Omega$ wirkt ∇ nur auf $\mathfrak{w}$, in $\mathfrak{w} \nabla C\Omega$ nur auf $C\Omega$, in $\nabla \mathfrak{w} C\Omega$ schließlich auf alle drei Faktoren. Es ist also (s. Gl. (18)):

$$\left. \begin{aligned} \nabla \mathfrak{w} C\Omega &= (\nabla, \mathfrak{w})\, C\Omega + \mathfrak{w} \nabla C\Omega \\ \text{und} \quad \nabla \mathfrak{w} C \nabla \mathfrak{v} &= (\nabla, \mathfrak{w})\, C(\nabla, \mathfrak{v}) + \mathfrak{w} \nabla C \nabla \mathfrak{v} \end{aligned} \right\} \text{wenn } C_{\alpha\beta\gamma\delta} = C_{\beta\alpha\gamma\delta}.$$

Eckige Klammern bedeuten: „*Funktion von* ..." oder „*Funktional von* ..."

Beispiel: $H[\mathfrak{v}, \mathfrak{w}]$ bedeutet: H *von* $\mathfrak{v}, \mathfrak{w}$ (s. Gl. (16));

aber $\Pi = C(\nabla, \mathfrak{v}) = C\nabla\mathfrak{v}$ bedeutet $\Pi^{\mu\nu} = \sum_{\sigma,\tau=1}^{3} C^{\mu\nu\sigma\tau} \frac{\partial \mathfrak{v}_\tau}{\partial x_\sigma}$ (s. Gl. (14)).

---

[1] Es gilt dann die wichtige, den Gaussschen und Greenschen Satz als Spezialfälle enthaltende Formel: $\int \nabla (\ldots)\, dS = \oint \mathfrak{n} (\ldots)\, d\sigma$, wenn $(\ldots)$ beide Male denselben Ausdruck bedeutet und in den beiden Integralen ∇ und $\mathfrak{n}$ in derselben Weise mit $(\ldots)$ multipliziert werden (s. Gl. (18) und Madelung [9], S. 115).

[2] Da wir schon zur Unterscheidung verschiedener Vektoren und Tensoren oft Indices verwenden, müssen wir versuchen, möglichst ohne Komponenten-Indices auszukommen!

I. Grundlagen.

1. Die Grundlagen der mathematischen Elastizitätstheorie in kartesischen Koordinaten[1].

Bezeichnet der Vektor $\mathfrak{v}[\mathfrak{r}]$ die Verschiebung der Punkte eines elastischen Körpers aus ihrer Ruhelage, so gibt der Gradient von $\mathfrak{v}$, also der Tensor

$$\Omega = (\nabla, \mathfrak{v}) \qquad \text{d. h.} \quad \Omega_{\sigma\tau} = \frac{\partial \mathfrak{v}_\tau}{\partial x_\sigma} \tag{1}$$

ein Maß für die relative Verschiebung benachbarter Punkte. Sein antisymmetrischer Teil bedeutet für das betreffende Volumenelement nur eine starre Drehung[2], der symmetrische aber eine wirkliche Deformation. Als *Verzerrungstensor* Φ bezeichnen wir daher den Tensor mit den Komponenten

$$\Phi_{\sigma\tau} = \frac{1}{2}(\Omega_{\sigma\tau} + \Omega_{\tau\sigma}) = \frac{1}{2}\left(\frac{\partial \mathfrak{v}_\tau}{\partial x_\sigma} + \frac{\partial \mathfrak{v}_\sigma}{\partial x_\tau}\right). \tag{2}$$

Den *Spannungstensor* Π definieren wir so, daß *Zugspannungen positiv* zählen. Die Dichte der auf die Oberfläche wirkenden Kräfte, also die „Kraft pro Flächeneinheit der Oberfläche" ergibt sich dann zu

$$\mathfrak{P} = \mathfrak{n}\Pi \qquad \text{d. h.} \quad \mathfrak{P}_\nu = \sum_{\mu=1}^{3} \mathfrak{n}_\mu \Pi_{\mu\nu} \tag{3}$$

wo $\mathfrak{n}$ die *äußere* Normale der Oberfläche bedeutet. Aus den Gleichgewichtsbedingungen für ein infinitesimales Volumenelement folgt ferner die *Symmetrie von* Π[3].

Für die Experimentalphysik ist es praktisch, die sechs *verschiedenen* Komponenten der symmetrischen Tensoren Φ und Π fortlaufend zu numerieren nach dem Schema:

μ,ν oder σ,τ	1,1	2,2	3,3	2,3	3,2	3,1	1,3	1,2	2,1
i oder k	1	2	3	4	4	5	5	6	6

(4)

Man verwendet dann (nach Voigt) meist die Bezeichnungen:

$$X_i = \Pi_{\mu\nu} = \Pi_{\nu\mu} \qquad \text{für } i = 1, 2, 3, 4, 5, 6 \tag{5}$$

[4] $$\left.\begin{aligned} x_k &= \Omega_{\sigma\sigma} = \Phi_{\sigma\sigma} && \text{für } k = 1, 2, 3 \\ x_k &= \Omega_{\sigma\tau} + \Omega_{\tau\sigma} = 2\Phi_{\sigma\tau} \text{ für } \sigma \neq \tau && \text{also } k = 4, 5, 6 \end{aligned}\right\} \tag{6}$$

[1] An ausführlichen Darstellungen sei von vielen ähnlichen Werken nur der VI. Band des „Handbuch der Physik" (H) mit den Artikeln von Trefftz (H 47), Geckeler (H 404) und Pfeiffer (H 309) genannt, auf die sich unsere kurze Zusammenstellung im wesentlichen stützt, und wo sich auch eine Reihe weiterer Literaturhinweise finden. Eine ausführliche Darstellung der Krystallelastizität findet man außer in Voigts klassischem Werk [23] auch in dem kürzeren und moderneren Werk von Wooster [26].

[2] Denn in der mathematischen Elastizitätstheorie wird ja immer vorausgesetzt, daß $\mathfrak{v}$ „unendlich klein" sei (vgl. H 47, H 62 und CH 34).

[3] Vgl. H 49—59; es ist dort $\gamma_{\sigma\tau} = 2\Phi_{\sigma\tau}$, $\sigma_\mu = \Pi_{\mu\mu}$ und $\tau_{\mu\nu} = \Pi_{\mu\nu}$ gesetzt.

[4] Nicht zu verwechseln mit den *Koordinaten* x_τ, die durch *griechische* Indices gekennzeichnet sind!

Der (nach Voraussetzung lineare) Zusammenhang zwischen den Verzerrungs- und den Spannungsgrößen lautet dann in der üblichen Bezeichnung:

$$X_i = \sum_{k=1}^{6} c_{ik} x_k\,; \qquad x_k = \sum_{i=1}^{6} s_{ki} X_i \text{ [1]}. \tag{7}$$

Diese Bezeichnungen sind zwar oft eine praktische Abkürzung für Gl. (8), tragen aber dem eigentlichen Charakter der betreffenden Größen keine Rechnung: Denn Spannung und Verzerrung sind *Tensoren*, die durch einen „*Bitensor der Elastizitätskonstanten*" (bzw. -moduln) verknüpft sind. Wir schreiben deshalb[2]:

$$\Pi_{\mu\nu} = \sum_{\sigma,\tau=1}^{3} C_{\mu\nu\sigma\tau} \Phi_{\sigma\tau}\,; \qquad \Phi_{\sigma\tau} = \sum_{\mu,\nu=1}^{3} S_{\sigma\tau\mu\nu} \Pi_{\mu\nu} \tag{8}$$

oder kurz:

$$\Pi = C\Phi\,; \qquad \Phi = S\Pi\,. \tag{9}$$

Dies stimmt mit Gl. (7) überein, wenn wir setzen:

$$C_{\mu\nu\sigma\tau} = c_{ik} \quad \text{für } i, k = 1, 2, 3, 4, 5, 6 \tag{10}$$

$$\left.\begin{aligned} S_{\sigma\sigma\mu\mu} &= s_{ik} && \text{für } i = 1, 2, 3;\ k = 1, 2, 3 \\ S_{\sigma\sigma\mu\nu} &= \tfrac{1}{2} s_{ik} && \text{für } i = 1, 2, 3;\ k = 4, 5, 6 \\ S_{\sigma\tau\mu\nu} &= \tfrac{1}{4} s_{ik} && \text{für } i = 4, 5, 6,;\ k = 4, 5, 6 \end{aligned}\right\} \tag{11}$$

Aus der Existenz eines *elastischen Potentials* (das ist die „*Formänderungsarbeit pro Volumeneinheit*"; vgl. H 407).

---

[1] Bei geeigneter Wahl des Koordinatensystems vereinfachen sich bekanntlich die Matrizen der Elastizitätskonstanten und -moduln für die verschiedenen Krystallklassen, je nach der Anzahl der Symmetrieelemente, wofür man bei Voigt [23], Wooster [26] und Geckeler (H 409) ausführliche Tabellen findet. *Für isotrope Körper gilt*:

$$c_{14} = c_{24} = c_{34} = c_{15} = c_{25} = c_{35} = c_{16} = c_{26} = c_{36} = c_{56} = c_{46} = c_{45} = 0$$

und ganz analog für die s_{ki}; ferner für die nicht verschwindenden Konstanten und Moduln (vgl. H 411):

$$c_{11} = c_{22} = c_{33} = C_{1111} = \frac{(1-\mu)E}{(1+\mu)(1-2\mu)}\,; \quad s_{11} = s_{22} = s_{33} = S_{1111} = +\frac{1}{E}$$

$$c_{23} = c_{31} = c_{12} = C_{1122} = \frac{\mu E}{(1+\mu)(1-2\mu)}\,; \quad s_{23} = s_{31} = s_{12} = S_{1122} = -\frac{\mu}{E}$$

$$c_{44} = c_{55} = c_{66} = C_{1212} = \frac{E}{2(1+\mu)}\,; \quad s_{44} = s_{55} = s_{66} = 4\,S_{1212} = \frac{1+\mu}{2E}$$

also: $C_{1212} = \frac{1}{2}(C_{1111} - C_{1122})\,; \qquad S_{1212} = \frac{1}{2}(S_{1111} - S_{1122})\,.$

Dabei bezeichnet (wie üblich) E den Youngschen Modul (also die in der Technik Elastizitätsmodul genannte Größe) und $\mu = 1/m$ die Querdehnungszahl, die manchmal auch mit ν bezeichnet wird (H 48).

[2] Ähnliche Bezeichnungen verwendet z. B. auch Wierzejewski [25] zur Untersuchung der Eigenschwingungen von Krystallen bei „gemischten Randbedingungen".

$$u = \frac{1}{2} \sum_{i,k=1}^{6} c_{ik} x_i x_k = \frac{1}{2} \sum_{\mu,\nu,\sigma,\tau=1}^{3} C_{\mu\nu\sigma\tau} \Phi_{\mu\nu} \Phi_{\sigma\tau} = \frac{1}{2} \Phi C \Phi \,, \tag{12}$$

folgen die Symmetriebeziehungen $c_{ik} = c_{ki}$ und aus der Symmetrie des Spannungstensors $C_{\mu\nu\sigma\tau} = C_{\nu\mu\sigma\tau}$, so daß also gilt:

$$C_{\mu\nu\sigma\tau} = C_{\sigma\tau\mu\nu} = C_{\tau\sigma\mu\nu} = C_{\mu\nu\tau\sigma} \tag{13}$$

und analoge Symmetriebeziehungen gelten für die s_{ki} und $S_{\sigma\tau\mu\nu}$. Daraus folgt insbesondere:

$$\Pi = C\Phi = C\Omega = C\nabla\mathfrak{v} \tag{14}$$

und

$$2u = \Pi\Phi = \Pi\Omega = \Pi\nabla\mathfrak{v} = \Omega C\Omega = (\nabla, \mathfrak{v})\, C\, (\nabla, \mathfrak{v}) \tag{15}$$

Es ist sowohl für die Theorie, als auch für die Anwendungen praktisch, die folgenden Abkürzungen einzuführen:

$$\left.\begin{aligned} H[\mathfrak{v}, \mathfrak{w}] &= \int \varrho\, \mathfrak{v}\mathfrak{w}\, dS = H[\mathfrak{w}, \mathfrak{v}] \\ D[\mathfrak{v}, \mathfrak{w}] &= \int (\nabla, \mathfrak{v}) C (\nabla, \mathfrak{w})\, dS = D[\mathfrak{w}, \mathfrak{v}] \end{aligned}\right\} \tag{16}$$

Dann sind die *kinetische* und *potentielle Energie* des Körpers gegeben durch

$$\left.\begin{aligned} T[\mathfrak{v}] &= \int \frac{\varrho}{2} \left(\frac{d\mathfrak{v}}{dt}\right)^2 dS = \frac{1}{2} H\left[\frac{d\mathfrak{v}}{dt}, \frac{d\mathfrak{v}}{dt}\right] \\ U[\mathfrak{v}] &= \int u[\mathfrak{v}]\, dS = \frac{1}{2} D[\mathfrak{v}, \mathfrak{v}] \end{aligned}\right| \tag{17}$$

(vgl. CE 244), *das letztere unter der Voraussetzung, daß keine äußeren Kräfte wirken, und daß die Oberfläche entweder kräftefrei sei („freier Rand") oder aber unbeweglich („fester Rand")*: Denn in diesen beiden Fällen besteht dann die potentielle Energie nur aus der Formänderungsarbeit im Innern des Körpers[1].

Durch partielle Integration von $D[\mathfrak{w}, \mathfrak{v}]$ erhalten wir die wichtige GREEN*sche Formel*:

$$\int (\nabla, \mathfrak{w}) C (\nabla, \mathfrak{v})\, dS = \oint \mathfrak{w}\mathfrak{n} C \nabla\mathfrak{v}\, d\sigma - \int \mathfrak{w} \nabla C \nabla\mathfrak{v}\, dS \tag{18}$$

oder

$$D[\mathfrak{w}, \mathfrak{v}] = \oint \mathfrak{w}\, \mathfrak{P}^v\, d\sigma + H[\mathfrak{w}, \mathfrak{v}'] \tag{19}$$

wobei wir zur Abkürzung gesetzt haben:

$$\mathfrak{v}' = -\frac{1}{\varrho} \nabla \Pi^v = -\frac{1}{\varrho} \nabla C \nabla \mathfrak{v} \;; \tag{20}$$

ferner soll der obere Index an $\mathfrak{P}^v$ und Π^v darauf hinweisen, daß wir die zum Verschiebungsvektor $\mathfrak{v}$ gehörigen Größen meinen. — Aus Gl. (19) folgt auch sofort als symmetrische Form der GREENschen Formel das BETTIsche Theorem (H 119):

$$H[\mathfrak{w}, \mathfrak{v}'] - H[\mathfrak{v}, \mathfrak{w}'] = -\oint (\mathfrak{w}\, \mathfrak{P}^v - \mathfrak{v}\, \mathfrak{P}^w)\, d\sigma \,, \tag{21}$$

wobei natürlich $\mathfrak{w}'$ analog zu $\mathfrak{v}'$ definiert ist.

[1] Wesentlich ist nur, daß die äußeren Kräfte sowie die Reaktionskräfte bei elastischer Bettung ein Potential besitzen, doch wollen wir uns hier auf die beiden oben erwähnten, praktisch wichtigsten Fälle beschränken, damit unsere Darstellung nicht zu schwerfällig wird.

2. Transformation auf andere Koordinatensysteme[1].

Hat der Körper, dessen Schwingungen man berechnen will, nicht Quaderform, so empfiehlt es sich meist, ein dem Körper angepaßtes, nicht-kartesisches Koordinatensystem zu verwenden. *In diesem Paragraphen sollen deshalb die wichtigsten Gleichungen in kovarianter Form wiederholt werden.*

Um in Übereinstimmung mit der üblichen Schreibweise bei Zylinder- und Kugelkoordinaten zu kommen, drücken wir den Verschiebungsvektor $\mathfrak{v}$ durch seine kontravarianten Komponenten aus. Aus diesen erhalten wir den Gradienten durch Ableiten[2]:

$$\Omega_\delta^\varepsilon = \frac{\partial \mathfrak{v}^\varepsilon}{\partial x^\delta} + \Gamma_{\delta\alpha}^\varepsilon \mathfrak{v}^\alpha \tag{22}$$

Die Symmetrieeigenschaften von Φ, Π, C und S kommen nur in ungemischten Komponenten zum Ausdruck (vgl. Gl. (31)). Wie ziehen daher sogleich den oberen Index von $\Omega_\delta^\varepsilon$ hinunter:

$$\Omega_{\gamma\delta} = g_{\gamma\varepsilon} \Omega_\delta^\varepsilon = g_{\gamma\varepsilon} \frac{\partial \mathfrak{v}^\varepsilon}{\partial x^\delta} + \Gamma_{\gamma,\delta\varepsilon} \mathfrak{v}^\varepsilon \tag{23}$$

und schreiben das (verallgemeinerte) HOOKEsche Gesetz in der Form:

$$\Pi^{\alpha\beta} = C^{\alpha\beta\gamma\delta} \Phi_{\gamma\delta} = C^{\alpha\beta\gamma\delta} \Omega_{\gamma\delta} \tag{24}$$

Die in Gl. (20) definierte Funktion $\mathfrak{v}'$ erhält man aus Π durch Ableiten mit Verjüngung, entsprechend der Divergenzbildung:

$$-\varrho \mathfrak{v}'^\beta = (\nabla \Pi)^\beta = \frac{1}{\sqrt{g}} \frac{\partial (\sqrt{g}\, \Pi^{\alpha\beta})}{\partial x^\alpha} + \Gamma_{\alpha\eta}^\beta \Pi^{\alpha\eta}. \tag{25}$$

Wegen der Symmetrie von C können wir die drei letzten Gleichungen auch zusammenfassen zu der Formel

$$-\varrho \mathfrak{v}'^\beta = \left(\Gamma_{\alpha\eta}^\beta C^{\alpha\eta\gamma\delta} + \frac{1}{\sqrt{g}} \frac{\partial}{\partial x^\alpha} \sqrt{g}\, C^{\alpha\beta\gamma\delta}\right)\left(\Gamma_{\gamma,\delta\varepsilon} + g_{\gamma\varepsilon} \frac{\partial}{\partial x^\delta}\right) \mathfrak{v}^\varepsilon \tag{26}$$

wenn wir vereinbaren, daß hier die Differentiationen über die Klammern hinaus auf alles Folgende wirken sollen. Meist wird es aber bequemer und sicherer sein, $\mathfrak{v}'$ Schritt für Schritt aus Ω und Π zu berechnen.

Die Formulierung der *Randbedingungen* ist natürlich einfach für *feste Ränder*, denn aus $\mathfrak{v} = 0$ folgt sofort

$$\mathfrak{v}^\varepsilon = 0\,. \tag{27}$$

Für *freie Ränder* geht man aus von der Gleichung der Oberfläche:

$$F[x^1, x^2, x^3] = 0\,; \tag{28}$$

[1] Dieser Paragraph ist für das Verständnis der folgenden unwesentlich.

[2] Ich halte mich hier an die Bezeichnungsweise von MADELUNG, in dessen Handbuch [9] auf S. 131—151 alle wichtigen Formeln sowohl für den allgemeinen Fall, als auch für eine Reihe spezieller Koordinatensysteme zusammengestellt sind. Die Darstellung von EDDINGTON [2] ist ausführlicher, aber ganz auf den Fall von vier Dimensionen zugeschnitten. Der obere Index in Gl. (22) verweist hier natürlich nicht, wie in Gl. (19) bis (21) auf die „Stammfunktion", sondern er ist einfach ein „kontravarianter Index".

aus dieser erhält man eine Flächennormale (im allgemeinen nicht die Einheitsnormale) durch Ableiten, so daß wir statt $\mathfrak{P} = \mathfrak{n}\Pi = 0$ erhalten:

$$\Pi^{\alpha\beta}\frac{\partial F}{\partial x^{\beta}} = \text{const.} \cdot \mathfrak{P}^{\alpha} = 0\,. \tag{29}$$

Für die Integralausdrücke H und D ergibt sich einfach:

$$\left.\begin{aligned} H[\mathfrak{v},\mathfrak{v}] &= \int \mathfrak{v}^{\alpha}\mathfrak{v}^{\beta} g_{\alpha\beta}\varrho\sqrt{g}\,d x^1 d x^2 d x^3 \\ D[\mathfrak{v},\mathfrak{v}] &= \int \Pi^{\alpha\beta}\Omega_{\alpha\beta}\sqrt{g}\,d x^1 d x^2 d x^3\,, \end{aligned}\right\} \tag{30}$$

da wir nach Eddington [2], S. 157, für das Volumenelement einfach $dS = \sqrt{g}\,d x^1 d x^2 d x^3$ setzen können.

Die letzte Schwierigkeit bei der Formulierung des Eigenwertproblems in allgemeinen Koordinaten liegt in der Aufstellung der Eigenfunktionen des Eigenwertes Null. Ich glaube nicht, daß es sich lohnt, die Orthogonalitätsforderungen (Gl. 51) allgemein auf invariante Form zu bringen, denn in praxi wird man die entsprechenden Gleichungen schneller und einfacher direkt aus der physikalischen Anschauung herleiten, und wo dies nicht möglich ist, kann man entweder die „e-Funktionen" (vgl. S. 11) auf krummlinige Koordinaten oder die Koordinatenfunktionen auf kartesische Koordinaten transformieren.

Die Regeln für die *Transformation* von Vektoren und Tensoren (2. Stufe) sind bei Madelung [9] (S. 134) explizit angegeben; für die Bitensoren C und S ergibt sich analog:

$$\left.\begin{aligned} C'^{\alpha\beta\gamma\delta} &= \frac{\partial x'^{\alpha}}{\partial x^{\mu}}\cdot\frac{\partial x'^{\beta}}{\partial x^{\nu}}\cdot\frac{\partial x'^{\gamma}}{\partial x^{\sigma}}\cdot\frac{\partial x'^{\delta}}{\partial x^{\tau}}\cdot C^{\mu\nu\sigma\tau} \\ S'^{\alpha\beta\gamma\delta} &= \frac{\partial x^{\mu}}{\partial x'^{\alpha}}\cdot\frac{\partial x^{\nu}}{\partial x'^{\beta}}\cdot\frac{\partial x^{\sigma}}{\partial x'^{\gamma}}\cdot\frac{\partial x^{\tau}}{\partial x'^{\delta}}\cdot S^{\mu\nu\sigma\tau} \end{aligned}\right\} \tag{31}$$

Dies gilt natürlich insbesondere dann, wenn das ungestrichene System ein kartesisches ist; daraus folgt aber sofort, daß die Symmetriebeziehungen für C und S Gl. (13) bei ungemischten Komponenten auch für beliebige krummlinige Koordinaten gültig sind.

Als wichtigsten Spezialfall behandeln wir zum Abschluß die *Drehung eines kartesischen Koordinatensystems.* Da nun also beide Systeme kartesisch sind, brauchen wir nicht mehr zwischen ko- und kontravarianten Komponenten zu unterscheiden und können daher zu der gewöhnlichen, im ersten Paragraphen angewandten Bezeichnungsweise zurückkehren. Nennen wir die Richtungscosinus $a_{\alpha\mu}$ nach dem Schema

	x_1	x_2	x_3
x'_1	a_{11}	a_{12}	a_{13}
x'_2	a_{21}	a_{22}	a_{23}
x'_3	a_{31}	a_{32}	a_{33}

$$\left.\begin{aligned} &\text{so ist} \quad a_{\alpha\mu} = \frac{\partial x'_{\alpha}}{\partial x_{\mu}} = \frac{\partial x_{\mu}}{\partial x'_{\alpha}} \\ &\text{aber i. a.} \quad a_{\alpha\mu} \neq a_{\mu\alpha} \end{aligned}\right\} \tag{32}$$

und die Transformationsformeln lauten:

$$\mathfrak{v}'_{\alpha} = \sum_{\mu=1}^{3} a_{\alpha\mu}\mathfrak{v}_{\mu} \qquad \text{(und analog für alle Vektoren)} \tag{33}$$

$$\Omega'_{\alpha\beta} = \sum_{\mu,\nu=1}^{3} a_{\alpha\mu}\, a_{\beta\nu}\, \Omega_{\mu\nu} \qquad \text{(und analog für alle Tensoren)} \tag{34}$$

$$C'_{\alpha\beta\gamma\delta} = \sum_{\mu,\nu,\sigma,\tau=1}^{3} a_{\alpha\mu}\, a_{\beta\nu}\, a_{\gamma\sigma}\, a_{\delta\tau}\, C_{\mu\nu\sigma\tau} \qquad \text{(und analog für alle Bitensoren)} \tag{35}$$

Vergleicht man diese einfachen Formeln mit denen für die direkte Transformation der c_{ik} und s_{ik}[1], so sieht man, daß es sich schon bei einer bloßen Drehung des Koordinatensystems lohnt, den Umweg über die $C_{\mu\nu\sigma\tau}$ und $S_{\sigma\tau\mu\nu}$ zu gehen.

3. Formulierung des Eigenwertproblems.

Das Eigenwertsproblem läßt sich in zwei äußerlich sehr verschiedenen Formen darstellen: Als *Variationsproblem* oder als ein *System von Differentialgleichungen und Randbedingungen.* Für beide Formulierungen gehen wir am besten vom HAMILTONschen Prinzip der kleinsten Wirkung aus:

$$\delta W = \delta \left\{ \int_{t_1}^{t_2} (T[\mathfrak{w}] - U[\mathfrak{w}])\, dt \right\} = 0\,, \tag{36}$$

in dem bekanntlich zur Variation alle Funktionen $\mathfrak{w}[\mathfrak{r}, t]$ zugelassen sind, die den „*Zwangsbedingungen*" genügen, also z. B. der Randbedingung $\mathfrak{w} = 0$ bei festgehaltener Oberfläche (vgl. Abschnitt 4). — Die Eigenschwingungen sind physikalisch definiert als die freien, d. h. von äußeren Kräften unbeeinflußten einfach periodischen Schwingungen. Wir machen daher den Ansatz[2]:

$$\mathfrak{w}[\mathfrak{r}, t] = \mathfrak{v}[\mathfrak{r}] \cdot \sin[\omega t + \varphi] \quad \text{also} \quad \frac{\partial \mathfrak{w}}{\partial t} = \omega \cdot \mathfrak{v}[\mathfrak{r}] \cdot \cos[\omega t + \varphi], \tag{37}$$

womit wir für die kinetische und die potentielle Energie erhalten:

$$\left.\begin{aligned} T[\mathfrak{w}] &= \frac{1}{2} H\left[\frac{\partial \mathfrak{w}}{\partial t}, \frac{\partial \mathfrak{w}}{\partial t}\right] = \frac{\lambda}{2} H[\mathfrak{v}, \mathfrak{v}] \cos^2[\omega t + \varphi] \\ U[\mathfrak{w}] &= \frac{1}{2} D[\mathfrak{w}, \mathfrak{w}] \qquad = \frac{1}{2} D[\mathfrak{v}, \mathfrak{v}] \sin^2[\omega t + \varphi]\,. \end{aligned}\right\} \tag{38}$$

Die Variation von W muß für jedes Zeitintervall $t_2 - t_1$ verschwinden; wählen wir dafür eine ganze Zahl von Schwingungsperioden, so werden die Integrale von $\sin^2[\omega t + \varphi]$ und $\cos^2[\omega t + \varphi]$ einander gleich und es bleibt einfach:

$$\delta\, \{D[\mathfrak{v}, \mathfrak{v}] - \lambda H[\mathfrak{v}, \mathfrak{v}]\} = 0\,. \tag{39}$$

Das ist nun aber, nach der Multiplikatormethode von LAGRANGE, *völlig äquivalent mit der Aufgabe, den Ausdruck*

$$L[\mathfrak{v}] = \frac{H[\mathfrak{v}, \mathfrak{v}]}{D[\mathfrak{v}, \mathfrak{v}]} \tag{40}$$

[1] Vgl. z. B. VOIGT [23], S. 589—596, oder H 412.

[2] Natürlich läßt sich aus Gl. (36) auch die allgemeine Bewegungsgleichung gewinnen; vgl. z. B. SCHAEFER [17] auf S. 713.

zum Extremum zu machen, und diese Extrema sind nach Gl. (38) *mit den Eigenwerten* $\lambda_i = \omega_i^2$ *identisch* (vgl. CE 245). — Dies ist die Formulierung des Eigenwertproblems als Variationsaufgabe.

Die zweite Formulierung erhalten wir nun folgendermaßen: Es sei $\mathfrak{f}_i$ eine Lösung des Eigenwertproblems — also eine Eigenfunktion — und $\mathfrak{u}$ eine beliebige, den Zwangsbedingungen genügende Funktion. Dann muß nach Gl. (39) für $\varepsilon = 0$

$$\frac{d}{d\varepsilon}\{D[\mathfrak{f}_i + \varepsilon\,\mathfrak{u}, \mathfrak{f}_i + \varepsilon\,\mathfrak{u}] - \lambda_i H[\mathfrak{f}_i + \varepsilon\,\mathfrak{u}, \mathfrak{f}_i + \varepsilon\,\mathfrak{u}]\} = 0 \tag{41}$$

sein, also

$$D[\mathfrak{u}, \mathfrak{f}_i] - \lambda_i H[\mathfrak{u}, \mathfrak{f}_i] = 0\ ^1. \tag{42}$$

Mit Hilfe der Greenschen Formel Gl. (19) ergibt sich hieraus:

$$\int \mathfrak{u}\,(\mathfrak{f}_i' - \lambda\,\mathfrak{f}_i)\,dS + \oint \mathfrak{u}\,\mathfrak{P}^{f i}\,d\sigma = 0\,. \tag{43}$$

Wählen wir nun für $\mathfrak{u}[\mathfrak{r}]$ Funktionen, die überall verschwinden, ausgenommen in einer beliebig kleinen Umgebung eines inneren Punktes, bzw. eines Randpunktes, so ergibt sich aus dem ersten Integral die *Differentialgleichung* für die inneren Punkte:

$$\mathfrak{f}_i' - \lambda_i\,\mathfrak{f}_i = 0 \tag{44}$$

oder wegen Gl. (20):

$$\nabla C \nabla \mathfrak{f}_i + \varrho\,\lambda_i\,\mathfrak{f}_i = 0\ ^2, \tag{45}$$

und aus dem zweiten Integral die *Randbedingung für freie Ränder*:

$$\mathfrak{P}^{f i} = \mathfrak{n}\,C \nabla \mathfrak{f}_i = 0\,, \tag{46}$$

während *für feste Ränder* natürlich einfach

$$\mathfrak{f}_i = 0 \tag{47}$$

sein muß.

Setzen wir in Gl. (42) $\mathfrak{u} = \mathfrak{f}_j$ und subtrahieren die analoge, durch Vertauschung von i und j entstehende Gleichung, so folgt

$$(\lambda_i - \lambda_j)\,H[\mathfrak{f}_i, \mathfrak{f}_j] = 0\,, \tag{48}$$

woraus sich für $\lambda_i \neq \lambda_j$ sofort $H[\mathfrak{f}_i, \mathfrak{f}_j] = 0$ ergibt; ist aber $\lambda_i = \lambda_j$, also λ_i ein mehrfacher Eigenwert, so kann man bekanntlich die zugehörigen Eigenfunktionen orthogonalisieren, da sie denselben linearen Gleichungen gehorchen (CH 41). Bei geeigneter Normierung gelten also die *Orthogonalitätsrelationen*:

$$H[\mathfrak{f}_i, \mathfrak{f}_j] = \delta_{ij} \quad ; \quad D[\mathfrak{f}_i, \mathfrak{f}_j] = \lambda_i\,\delta_{ij}\,, \tag{49}$$

das letztere wegen Gl. (19), (44) und (46) bzw. (47).

Bei allseitig freien Rändern ist der Wert $\lambda = 0$ *ein* 6*facher Eigenwert. Die zugehörigen Eigenfunktionen* sind natürlich nicht eindeutig bestimmt und können, wenn $\mathfrak{e}_1, \mathfrak{e}_2, \mathfrak{e}_3$ die Grundvektoren eines kartesischen Koordinatensystems sind, am einfachsten durch die sechs Funktionen

$$\mathfrak{e}_1,\ \mathfrak{e}_2,\ \mathfrak{e}_3,\ \mathfrak{e}_1 \times \mathfrak{r},\ \mathfrak{e}_2 \times \mathfrak{r},\ \mathfrak{e}_3 \times \mathfrak{r} \tag{50}$$

[1] Durch *lateinische* Indices unterscheiden wir *verschiedene Funktionen*; durch *griechische* Indices die *Komponenten* einer Funktion.

[2] Aus der Symmetrie von C ergibt sich, daß $\nabla C \nabla$ ein selbstadjungierter Operator ist.

dargestellt werden; *wir wollen sie deshalb kurz die* $\mathfrak{e}$*-Funktionen nennen.* Legt man den Ursprung des Koordinatensystems in den Schwerpunkt und die Achsen in die Richtungen der Hauptträgheitsachsen des Körpers, so sind die $\mathfrak{e}$-Funktionen zueinander orthogonal (in bezug auf die Form H) und für eine beliebige Funktion $\mathfrak{v}[\mathfrak{x}]$ sind die *Orthogonalitätsbeziehungen*

$$\left\{\begin{array}{l} H\,[\mathfrak{v},\,\mathfrak{e}_i \times \mathfrak{x}] = 0 \\ H\,[\mathfrak{v},\,\mathfrak{e}_i] = 0 \end{array}\right\} \quad \text{äquivalent mit} \quad \left\{\begin{array}{l} \int \mathfrak{v}\,\varrho\, dS = 0 \\ \int (\mathfrak{v}\times\mathfrak{x})\,\varrho\, dS = 0 \end{array}\right\} \tag{51}$$

4. Eigenwerte, Eigenfunktionen und Vollständigkeitssätze.

Im zweiten Band von COURANT-HILBERTS „Methoden der mathematischen Physik" (CH II) ist die Frage nach den Eigenwerten und Eigenfunktionen und insbesondere auch nach der Vollständigkeit des Orthogonalsystems der Eigenfunktionen für einige Eigenwertprobleme explizit behandelt, so auch für die Längsschwingungen isotroper Platten (isotroper zweidimensionaler Fall), während der analoge Beweis für isotrope dreidimensionale Körper als Aufgabe gestellt ist[1]. Ohne auf diese Beweisführung näher einzugehen, dürfen wir wohl (schon aus physikalischen Gründen) annehmen, daß die COURANTschen Sätze auch für anisotrope Körper gültig sind, sofern, wie schon in der Einleitung vorausgesetzt, ϱ positiv und die Matrix $\|c_{ik}\|$ positiv definit ist.

Bei freien Rändern wollen wir den „trivialen" Eigenwert $\lambda = 0$ von vorneherein ausschließen, damit nicht nur $H[\mathfrak{v},\mathfrak{v}]$, sondern auch $D[\mathfrak{v},\mathfrak{v}]$ positiv definit wird und damit der erste Eigenwert gleichzeitig der erste „nicht-triviale", d. h. positive Eigenwert ist. Wir definieren daher die Funktionsräume $\mathfrak{H}$ und $\mathfrak{D}$ (CH II, 478) wie folgt:

Alle in G, d. h. in dem durch den Körper eingenommenen Raume, stückweise stetigen Funktionen $\mathfrak{v}[\mathfrak{x}]$, *für welche* $H[\mathfrak{v},\mathfrak{v}]$ *einen endlichen Wert hat, bilden den Funktionenraum* $\mathfrak{H}$. — *Bei freien Rändern wird außerdem gefordert, daß* $\mathfrak{v}[\mathfrak{x}]$ *den Orthogonalitätsrelationen* (51) *genüge.*

Alle in G stetigen Funktionen $\mathfrak{v}[\mathfrak{x}]$ *aus* $\mathfrak{H}$ *mit stückweise stetigen Ableitungen, für welche* $D[\mathfrak{v},\mathfrak{v}]$ *einen endlichen Wert hat, bilden den Funktionenraum* $\mathfrak{D}$. — *Bei festen Rändern wird außerdem gefordert, daß* $\mathfrak{v}$ *auf dem Rande verschwinde* (CH II, 490).

Dann folgt durch Übertragung der COURANTschen Sätze auf unsern Fall:

1. *Es gibt eine unendliche Folge von Eigenwerten und Eigenfunktionen* λ_n *und* $\mathfrak{f}_n$ *als Lösungen des Eigenwertproblems* Gl. (45) und (46) bzw. (45) und (47); *sie sind rekursiv Lösungen der Variationsprobleme: eine Funktion* $\mathfrak{v} = \mathfrak{f}_n$ *aus* $\mathfrak{D}$ *zu suchen, für welche* $D[\mathfrak{v},\mathfrak{v}]$ *ein Minimum wird unter den Nebenbedingungen* $H[\mathfrak{v},\mathfrak{v}] = 1$ *und* $H[\mathfrak{v},\mathfrak{f}_i] = 0$ *für* $i = 1, 2, \ldots, n-1$.

2. *Für* $n = 1$ *steht als einzige Nebenbedingung* $H[\mathfrak{v},\mathfrak{v}] = 1$; *also ist* λ_1 *das absolute Minimum von* D/H *für alle Funktionen* $\mathfrak{v}$ *aus* $\mathfrak{D}$. *Es ist*

$$0 < \lambda_1 \leq \lambda_2 \leq \lambda_3 \leq \cdots \tag{52}$$

und die Eigenwerte besitzen keinen Häufungspunkt im Endlichen.

[1] CH II, S. 530ff.

3. *Für jede Funktion* $\mathfrak{v} \in \mathfrak{D}$[1] *bestehen mit* $c_i = H[\mathfrak{f}_i, \mathfrak{v}]$ *die Vollständigkeitsrelationen:*

$$H[\mathfrak{v}, \mathfrak{v}] = \sum_{i=1}^{\infty} c_i^2 \quad \text{und} \quad D[\mathfrak{v}, \mathfrak{v}] = \sum_{i=1}^{\infty} \lambda_i c_i^2 \tag{53}$$

Für die Anwendungen in den Abschnitten 7—9 ist es bequem, analog zu H und D noch zwei weitere Integralausdrücke D' und D'' einzuführen:

$$\left.\begin{aligned} D'[\mathfrak{v}, \mathfrak{v}] &= H[\mathfrak{v}', \mathfrak{v}'] \\ D''[\mathfrak{v}, \mathfrak{v}] &= D[\mathfrak{v}', \mathfrak{v}'] \end{aligned}\right\} \tag{54}$$

mit den zugehörigen Funktionenräumen $\mathfrak{D}'$ und $\mathfrak{D}''$:

Alle Funktionen $\mathfrak{v} \in \mathfrak{D}$ *mit stetigen Ableitungen*[2] *und stückweise stetigem* $\mathfrak{v}'$, *für welche* $D'[\mathfrak{v}, \mathfrak{v}] < \infty$, *bilden den Funktionenraum* $\mathfrak{D}'$. — *Bei freien Rändern wird außerdem die Randbedingung* $\mathfrak{P}_\nu = 0$ *gefordert.*

Alle Funktionen $\mathfrak{v} \in \mathfrak{D}$ *mit stetigem* $\mathfrak{v}'$ *und stückweise stetigen Ableitungen von* $\mathfrak{v}'$, *für welche* $D''[\mathfrak{v}, \mathfrak{v}] < \infty$, *bilden den Funktionenraum* $\mathfrak{D}''$. — *Bei festen Rändern wird außerdem die Randbedingung* $\mathfrak{v}' = 0$ *gefordert.* — $\mathfrak{v} \in \mathfrak{D}''$ *ist also gleichbedeutend mit* $\mathfrak{v} \in \mathfrak{D}$ *plus* $\mathfrak{v}' \in \mathfrak{D}$.

Zur Aufstellung der Gln. (58) bemerken wir noch, daß sich aus Gl. (53) und (57) ergibt:

$$2H[\mathfrak{v}, \mathfrak{w}] = H[\mathfrak{v} + \mathfrak{w}, \mathfrak{v} + \mathfrak{w}] - H[\mathfrak{v}, \mathfrak{v}] - H[\mathfrak{w}, \mathfrak{w}] = 2 \sum_{i=1}^{\infty} c_i d_i \tag{55}$$

und analog für $D[\mathfrak{v}, \mathfrak{w}]$. Ferner folgt aus dem BETTIschen Theorem Gl. (21) für jede Funktion $\mathfrak{v} \in \mathfrak{D}'$:

$$H[\mathfrak{f}_i, \mathfrak{v}'] = H[\mathfrak{f}_i', \mathfrak{v}] = \lambda_i H[\mathfrak{f}_i, \mathfrak{v}] = \lambda_i c_i \tag{56}$$

und analog für $\mathfrak{w}'$. Wir können also zusammenfassend aussagen:

$$\textit{Mit} \quad c_i = H[\mathfrak{f}_i, \mathfrak{v}] \quad \textit{und} \quad d_i = H[\mathfrak{f}_i, \mathfrak{w}] \tag{57}$$

gelten die Vollständigkeitsrelationen:

$$\left.\begin{aligned}
H[\mathfrak{v}, \mathfrak{w}] &= \sum_{i=1}^{\infty} c_i d_i && \text{wenn} \quad \mathfrak{v} \in \mathfrak{H}, \quad \mathfrak{w} \in \mathfrak{H} \\
H[\mathfrak{v}, \mathfrak{w}'] &= \sum_{i=1}^{\infty} \lambda_i c_i d_i && \text{wenn} \quad \mathfrak{v} \in \mathfrak{H}, \quad \mathfrak{w} \in \mathfrak{D}' \\
D[\mathfrak{v}, \mathfrak{w}] &= \sum_{i=1}^{\infty} \lambda_i c_i d_i && \text{wenn} \quad \mathfrak{v} \in \mathfrak{D}, \quad \mathfrak{w} \in \mathfrak{D} \\
D[\mathfrak{v}, \mathfrak{w}'] &= \sum_{i=1}^{\infty} \lambda_i^2 c_i d_i && \text{wenn} \quad \mathfrak{v} \in \mathfrak{D}, \quad \mathfrak{w} \in \mathfrak{D}'' \\
D'[\mathfrak{v}, \mathfrak{w}] &= \sum_{i=1}^{\infty} \lambda_i^2 c_i d_i && \text{wenn} \quad \mathfrak{v} \in \mathfrak{D}', \quad \mathfrak{w} \in \mathfrak{D}' \\
D''[\mathfrak{v}, \mathfrak{w}] &= \sum_{i=1}^{\infty} \lambda_i^3 c_i d_i && \text{wenn} \quad \mathfrak{v} \in \mathfrak{D}'', \quad \mathfrak{w} \in \mathfrak{D}''
\end{aligned}\right\} \tag{58}$$

---

[1] Das Zeichen $\in$ bedeutet: „gehört zum Funktionenraum . . .".

[2] Sind die Elastizitätskonstanten nur stückweise stetig, so müssen statt dessen an den Trennflächen außer $\mathfrak{v}$ selbst nur die *Normalkomponenten von* Π^ν *stetig* sein, d. h. $\mathfrak{n}^\tau \Pi$, wenn $\mathfrak{n}^\tau$ die Trennflächen-Einheitsnormale ist.

Daraus ergeben sich die auch für die numerische Rechnung wichtigen Relationen:

$$\left.\begin{aligned} D[\mathfrak{v},\mathfrak{w}] &= H[\mathfrak{v},\mathfrak{w}'] \quad \text{wenn} \quad \mathfrak{v}\in\mathfrak{D}\,,\ \mathfrak{w}\in\mathfrak{D}' \\ D'[\mathfrak{v},\mathfrak{w}] &= D[\mathfrak{v},\mathfrak{w}'] \quad \text{wenn} \quad \mathfrak{v}\in\mathfrak{D}',\ \mathfrak{w}\in\mathfrak{D}'' \end{aligned}\right\} \tag{59}$$

II. Direkte Näherungsmethoden.

5. Prinzipielle Bemerkungen über Näherungsverfahren.

Wir haben schon in der Einleitung darauf hingewiesen, daß das durch Differentialgleichung und Randbedingungen gestellte Eigenwertproblem nur in ganz wenigen Spezialfällen exakt lösbar ist. In der großen Mehrzahl der Fälle ist es dagegen nicht gelungen, die Eigenfunktionen durch eine endliche Anzahl elementarer oder auch nur schon tabulierter Funktionen auszudrücken, ohne daß dabei in den Differentialgleichungen oder in den Randbedingungen irgendwelche künstlichen Vereinfachungen vorgenommen wurden[1]. Nun ist es aber meist sehr schwer abzuschätzen, wie sich diese Vereinfachungen auf das Resultat auswirken und insbesondere, bei welchen Vereinfachungen man noch die relativ besten Resultate erhält. Das stellt uns vor die wichtige Frage: *Was ist überhaupt der geeignete Maßstab für die Beurteilung der Qualität einer Näherungslösung?* Die Antwort ergibt sich aus folgender Überlegung: Die Berechnung von Eigenschwingungen ist in zwei prinzipiell verschiedenen Fällen wichtig, nämlich erstens zur Vorausberechnung der Schwingungen eines Körpers, dessen elastische Eigenschaften bekannt sind, und zweitens, um auf Grund gemessener Schwingungen diese Eigenschaften, also die Elastizitätsmoduln, zu bestimmen[2]. In beiden Fällen interessiert uns weniger die Schwingungsform, als vor allem die *Schwingungsfrequenz*, die ja viel leichter und viel exakter gemessen werden kann; diese Frequenz, oder ihr Quadrat, d. h. *den Eigenwert werden wir deshalb in erster Linie möglichst genau zu berechnen suchen.* Wie können wir aber entscheiden, welcher Näherungswert dem unbekannten Eigenwert am nächsten kommt?[3].

Auf Grund der Sätze des letzten Paragraphen ist es *nicht schwer, obere Schranken für die ersten Eigenwerte anzugeben*; insbesondere ist ja $L[\mathfrak{v}]$ (meist RAYLEIGHsche Zahl genannt) immer größer als der erste Eigenwert (oder höchstens gleich), wie schon aus Gl. (40) und (58) hervorgeht (vgl. CE 245):

$$L[\mathfrak{v}] = \frac{D[\mathfrak{v},\mathfrak{v}]}{H[\mathfrak{v},\mathfrak{v}]} = \sum_{i=1}^{\infty} \lambda_i c_i^2 \left(\sum_{i=1}^{\infty} c_i^2\right)^{-1} \geq \lambda_1 \qquad \text{für alle } \mathfrak{v}\in\mathfrak{D}. \tag{60}$$

[1] Auch der BECHMANNsche Ansatz für die Schwingungen anisotroper Quader [1] beruht auf starken Veränderungen der Differentialgleichungen und Randbedingungen. Vgl. dazu die exakte Arbeit von ORTVAY [15].

[2] Hingegen handelt es sich ja nicht darum, durch Vergleich von Rechnung und Messung neue Grundgesetze zu entdecken oder zu bestätigen!

[3] Eine experimentelle Prüfung kann das Problem nicht lösen, wie schon aus dem Obigen hervorgeht. Außerdem sollte (und wird meist) die Genauigkeit der Rechnung größer sein, als die der Messung.

Der kleinste L-Wert ist also die beste Näherung für λ_1. Es gibt nun zwei Methoden, um $L[\mathfrak{v}]$ möglichst klein zu machen: Entweder man läßt $L[\mathfrak{v}]$ noch von einer Reihe freier Parameter $y_1, y_2, \ldots, y_n$ abhängen und bestimmt diese dann so, daß $L[\mathfrak{v}; y_1, y_2, \ldots, y_n]$ minimal wird, wofür das Bestehen der Gleichungen

$$\frac{\partial L}{\partial y_m} = 0, \qquad m = 1, 2, \ldots, n \tag{61}$$

eine notwendige — aber natürlich keineswegs hinreichende — Bedingung ist: Dies ist die Grundidee beim Ritzschen Verfahren, das zugleich auch obere Schranken für die höheren Eigenwerte liefert. Oder man versucht, die Koeffizienten der höheren Eigenfunktionen $(c_2, c_3, \ldots)$ noch nachträglich (gegenüber c_1) zu verkleinern: Dies ist das Prinzip der „fortgesetzten Näherungen" (Iterationsmethode).

Haben wir nach einer dieser Methoden die beste obere Schranke für den ersten Eigenwert (bzw. für die ersten Eigenwerte) bestimmt, so erhebt sich sofort die Frage nach der Genauigkeit dieses Näherungswertes. *Die Abschätzung des restlichen Fehlers* ($L_1 - \lambda_1$, bzw. $L_n - \lambda_n$) *ist aber gleichbedeutend mit der Aufstellung einer unteren Schranke für den betreffenden Eigenwert.* Nun ist es zwar relativ einfach, zwei Werte anzugeben, zwischen denen mindestens ein Eigenwert liegen muß (Weinsteinscher Einschließungssatz, Gl. (120)), aber *welcher*, d. h. der *wievielte* Eigenwert zwischen diesen Schranken liegt, das ist im allgemeinen sehr schwer zu sagen. Vom physikalischen Standpunkt aus mag das zunächst weniger wichtig erscheinen; wir werden aber im 8. Paragraphen eine Methode zur Berechnung verbesserter unterer Schranken kennenlernen, zu der man gerade eine (wenn auch grobe) untere Schranke für den *nächsthöheren* Eigenwert braucht. Solche grobe untere (und obere) Schranken kann man in vielen Fällen mit Hilfe der Störungsrechnung (Abschnitt 10—13) erhalten.

Alle diese Methoden sind vor allem zur Berechnung der tiefsten Eigenwerte geeignet. Für höhere Eigenwerte wird die Rechnung aus drei Gründen wesentlich mühsamer: 1. Die höheren Eigenfunktionen (und damit auch die geeigneten Koordinatenfunktionen) werden immer komplizierter („weniger glatt"). 2. Man braucht eine größere Zahl von Koordinatenfunktionen und erhält dadurch entsprechend vielreihige Säkulargleichungen. 3. Die Eigenwerte rücken (wenigstens im dreidimensionalen Fall) immer näher zusammen.

Gegen die beiden letzten Erschwerungen gibt es allerdings ein einfaches und naheliegendes Mittel, das uns ein Stück weiter hilft: Besitzt nämlich der Körper, dessen Schwingungen man berechnen will, geeignete Symmetrieelemente (wie z. B. quadratische Platten [10, 11] oder isotrope Würfel [18]), so kann man den Funktionenraum $\mathfrak{D}$ (bzw. $\mathfrak{D}'$ oder $\mathfrak{D}''$) durch Gruppierung der Koordinatenfunktionen nach ihren Symmetrieeigenschaften in einige zueinander orthogonale Unterräume aufspalten. Dann gelten natürlich die Sätze über den ersten, zweiten, dritten, ... Eigenwert analog für jeden einzelnen dieser Unterräume, da in Gl. (57) und (58) die „zu einem andern Unterraum gehörenden" Entwicklungskoeffizienten verschwinden.

6. Das RITzsche Verfahren.

Macht man nach RITZ [16] für $\mathfrak{v}[\mathfrak{r}]$ einen Ansatz der Form

$$\mathfrak{v}[\mathfrak{r}; y_1, y_2, \ldots, y_n] = \sum_{e=1}^{n} y_l \mathfrak{v}_l[\mathfrak{r}], \text{ alle } \mathfrak{v}_l \in \mathfrak{D}, \quad (62)$$

wobei die „Koordinatenfunktionen" $\mathfrak{v}_1, \mathfrak{v}_2, \mathfrak{v}_3, \ldots, \mathfrak{v}_n$ also zum Funktionenraum $\mathfrak{D}$ gehören und *voneinander linear unabhängig* sein sollen (so daß also $\mathfrak{v}[\mathfrak{r}]$ nur dann für alle Punkte des Körpers verschwindet, wenn alle y_l verschwinden), *so werden H und D positiv definite quadratische Formen in den Koeffizienten* y_l (vgl. CE 230):

$$\left.\begin{array}{l} H[\mathfrak{v}, \mathfrak{v}] = H[y, y] = \sum_{l, m=1}^{n} h_{lm} y_l y_m \quad \text{mit} \quad h_{lm} = H[\mathfrak{v}_l, \mathfrak{v}_m] \\[2mm] D[\mathfrak{v}, \mathfrak{v}] = D[y, y] = \sum_{l, m=1}^{n} d_{lm} y_l y_m \quad \text{mit} \quad d_{lm} = D[\mathfrak{v}_l, \mathfrak{v}_m] \end{array}\right\} \quad (63)$$

und $L[\mathfrak{v}]$ wird zum Extremum, wenn für alle m gilt:

$$H^2 \cdot \frac{\partial L}{\partial y_m} = \frac{\partial}{\partial y_m} \{D[y, y] - L \cdot H[y, y]\} = 2 \sum_{l=1}^{n} (d_{lm} - L h_{lm}) y_l = 0 \quad (64)$$

Ein solches Gleichungssystem hat bekanntlich nur dann eine von Null verschiedene Lösung, wenn die Determinante der Koeffizienten verschwindet, wenn also

$$\det [d_{lm} - L h_{lm}] = 0 \quad ^1 \quad (65)$$

ist. Diese „Säkulargleichung" besitzt wegen der Symmetrie der Matrizen $\|d_{lm}\|$ und $\|h_{lm}\|$ *n reelle Wurzeln*, die wir, analog zu den Eigenwerten, ihrer Größe nach ordnen:

$$\lambda_1 \leq L_1 \leq L_2 \leq \ldots \leq L_n. \quad (66)$$

Für jeden dieser „RITzschen Werte" L_i ist das Verhältnis der zugehörigen Koeffizienten y_{il} gleich dem Verhältnis der Unterdeterminanten einer beliebigen Zeile oder Kolonne von $\|d_{lm} - L_i h_{lm}\|$. Die zugehörigen „*Lösungsfunktionen*"

$$\mathfrak{g}_i[\mathfrak{r}] = \sum_{l=1}^{n} y_{il} \mathfrak{v}_l[\mathfrak{r}], \quad i = 1, 2, \ldots, n \quad (67)$$

lösen das Variationsproblem $L[\mathfrak{v}] = \text{Extr.}$ in dem durch die n Koordinatenfunktionen $\mathfrak{v}_1, \mathfrak{v}_2, \ldots, \mathfrak{v}_n$ aufgespannten Funktionenraum $\mathfrak{D}_n \in \mathfrak{D}$. Da die $\mathfrak{g}_i$ das Variationsproblem Gl. (64) lösen, muß analog zu Gl. (40) bis (42) für jede nach Gl. (62) gebildete Funktion $\mathfrak{v}$, also für jedes $\mathfrak{v} \in \mathfrak{D}_n$ gelten:

---

[1] Es scheint sowohl HOHENEMSER [5] (10. Kapitel) als auch COLLATZ (C 223) entgangen zu sein, daß man die Koeffizienten der RITzschen Determinante (65) nach Gl. (63) direkt aus den Koordinatenfunktionen berechnen kann, ohne rechnerische Ausführung der Differentiationen nach den y_m. *Die GALERKINschen Methode zur Gewinnung von Gl. (65) besteht danach lediglich in einer Umformung von* $D[\mathfrak{v}_l, \mathfrak{v}_m]$ *nach Gl.* (19) — ist also im allgemeinen umständlicher als die RITzsche Methode und kommt höchstens als Kontrolle für die numerische Rechnung in Betracht.

$$D[\mathfrak{g}_i, \mathfrak{v}] - L_i H[\mathfrak{g}_i, \mathfrak{v}] = 0 . \tag{68}$$

Setzt man in dieser Gleichung $\mathfrak{v} = \mathfrak{g}_j$ und subtrahiert die analoge Gleichung mit vertauschten Indices, so erhält man ähnlich wie in Gl. (48):

$$(L_i - L_j) \cdot H[\mathfrak{g}_i, \mathfrak{g}_j] = D[\mathfrak{g}_i, \mathfrak{g}_j] - D[\mathfrak{g}_j, \mathfrak{g}_i] = 0 . \tag{69}$$

Aus den beiden letzten Gleichungen ergibt sich für $L_i \neq L_j$ sofort:

$$H[\mathfrak{g}_i, \mathfrak{g}_j] = D[\mathfrak{g}_i, \mathfrak{g}_j] = 0 . \tag{70}$$

Ist aber $L_i = L_j$, also L_i eine mehrfache Wurzel von Gl. (65), so kann man die zugehörigen Lösungsfunktionen orthogonalisieren, da jede Linearkombination von ihnen das Variationsproblem Gl. (64) löst. — Setzt man schließlich in Gl. (68) $\mathfrak{v} = \mathfrak{g}_i$, so ergibt sich

$$D[\mathfrak{g}_i, \mathfrak{g}_i] = L_i H[\mathfrak{g}_i, \mathfrak{g}_i] . \tag{71}$$

Aus den letzten vier Gleichungen folgt der wichtige Satz: *Die Lösungsfunktionen sind zueinander orthogonal und können so normiert werden,*

$$\left.\begin{aligned} &\textit{daß} \quad & H[\mathfrak{g}_i, \mathfrak{g}_j] = H[y_i, y_j] = \sum_{l,m=1}^{n} h_{lm} y_{il} y_{jm} = \delta_{ij} \\ &\textit{und} \quad & D[\mathfrak{g}_i, \mathfrak{g}_j] = D[y_i, y_j] = \sum_{l,m=1}^{n} d_{lm} y_{il} y_{jm} = L_i \delta_{ij} \end{aligned}\right\} \tag{72}$$

Die Bestimmung der y_{il} ist also gleichbedeutend mit der simultanen Transformation von $H[y, y]$ und $D[y, y]$ auf Diagonalform[1].

Da die $\mathfrak{G}_i$ aus den $\mathfrak{v}_l$ durch eine lineare Transformation entstanden und voneinander linear unabhängig sind, spannen sie denselben Funktionenraum $\mathfrak{D}_n$ auf, wie die $\mathfrak{v}_l$; es kann also jede nach Gl. (62) gebildete Funktion $\mathfrak{v}$ auch als Linearkombination der $\mathfrak{g}_i$ dargestellt werden:

$$\mathfrak{v}[\mathfrak{x}] = \sum_{i=1}^{n} x_i \mathfrak{g}_i[\mathfrak{x}] \quad \text{mit} \quad x_i = H[\mathfrak{g}_i, \mathfrak{v}], \quad \text{für jedes} \quad \mathfrak{v} \in \mathfrak{D}_n . \tag{73}$$

Die zweite Gleichung ergibt sich aus der ersten durch Multiplikation mit $\varrho \cdot \mathfrak{g}_j$ und Integration über das Grundgebiet. — Ferner wird

$$L[\mathfrak{v}] = D[\mathfrak{v}, \mathfrak{v}]/H[\mathfrak{v}, \mathfrak{v}] = \sum_{i=1}^{n} L_i x_i^2 \cdot \left(\sum_{i=1}^{n} x_i^2\right)^{-1} . \tag{74}$$

Aus den beiden letzten Gleichungen folgt nun aber unmittelbar: *Die Lösungsfunktionen $\mathfrak{g}_i$ sind rekursiv Lösungen der Variationsprobleme: eine Funktion $\mathfrak{v} = \mathfrak{g}_i$ aus $\mathfrak{D}_n$ zu suchen, für welche $D[\mathfrak{v}, \mathfrak{v}]$ ein Minimum wird unter den Nebenbedingungen $H[\mathfrak{v}, \mathfrak{v}] = 1$ und $H[\mathfrak{v}, \mathfrak{f}_j] = 0$ für $j = 1, 2, \ldots, i-1$.* Vom Standpunkte der Variationsrechnung aus leisten also die Lösungsfunktionen in $\mathfrak{D}_n$ dasselbe, wie die Eigenfunktionen in $\mathfrak{D}$ (vgl. Abschnitt 4, Satz 1).

Daraus ergibt sich ohne weiteres der fast selbstverständliche, aber doch wichtige Satz[2]: *Die* R*ITZschen Werte und die Lösungsfunktionen*

[1] Die Beweise zu diesem und den folgenden Sätzen ergeben sich auch fast unmittelbar aus der Theorie der quadratischen Formen (vgl. z. B. CH 1—46). Vgl. auch die Beweise von MACDONALD [8].

[2] Vgl. die Anm. [2] auf S. 21.

bleiben bei jeder linearen Transformation der Koordinatenfunktionen unverändert, vorausgesetzt natürlich, daß auch die n neuen Koordinatenfunktionen voneinander linear unabhängig sind.

Ein weiterer wichtiger Hilfssatz betrifft die *Maximum-Minimum-Eigenschaft der Ritzschen Werte*: Ist $Q[\mathfrak{v}, \mathfrak{v}]$ ein quadratischer Integralausdruck (wie z. B. $H[\mathfrak{v}, \mathfrak{v}]$ oder $D[\mathfrak{v}, \mathfrak{v}]$), der für i gegebene Funktionen $\mathfrak{u}_k$ und für alle Funktionen $\mathfrak{v} \in \mathfrak{D}_n$ definiert ist, *so ist L_{i+1} unter allen Minima von $L[\mathfrak{v}]$ mit $\mathfrak{v} \in \mathfrak{D}_n$ und den i „linearen Bindungen“*

$$Q[\mathfrak{v}, \mathfrak{u}_k] = 0\,, \qquad k = 1, 2, \ldots i, \ < n \tag{75}$$

das größte. — Der Beweis verläuft ganz analog zu dem des entsprechenden Satzes für die Eigenwerte (Gl. 145—151) und darf daher hier wohl ausgelassen werden. Auf ganz analoge Weise kann man für die Ritzschen Werte (aber natürlich nicht für die Eigenwerte!) eine „*Minimum-Maximum-Eigenschaft* beweisen: *Ist $\mathfrak{v}$ an* Gl. (75) *gebunden, so ist L_{n-i} unter allen Maxima von $L[\mathfrak{v}]$ mit $\mathfrak{v} \in \mathfrak{D}_n$ das kleinste.*

Zum Beweise des folgenden Satzes betrachten wir neben unserem bisherigen System von Koordinatenfunktionen das System $\mathfrak{v}_1, \mathfrak{v}_2, \ldots, \mathfrak{v}_n, \mathfrak{v}_{n+1}$, das durch Hinzufügung einer weiteren (von den n ersten linear unabhängigen) Koordinatenfunktion $\mathfrak{v}_{n+1}$ entsteht, sowie den zugehörigen Funktionenraum $\mathfrak{D}_{n+1}$ (es ist also $\mathfrak{D}_n \in \mathfrak{D}_{n+1} \in \mathfrak{D}$). Zur Unterscheidung der zu diesen beiden Systemen gehörenden analogen Größen verwenden wir einen oberen Index (n) bzw. $(n+1)$. Dann ergibt sich durch wiederholte Anwendung des Maximum-Minimum- bzw. Minimum-Maximum-Satzes: Ist $\mathfrak{v}$ an die i Gleichungen: $H[\mathfrak{v}, \mathfrak{g}_k^{(n+1)}] = 0$, $k = 1, 2, \ldots, i$ gebunden, so wird

$$L_{i+1}^{(n)} \geq \operatorname*{Min}_{\mathfrak{v} \in \mathfrak{D}_n} L[\mathfrak{v}] \geq \operatorname*{Min}_{\mathfrak{v} \in \mathfrak{D}_{n+1}} L[\mathfrak{v}] = L_{i+1}^{(n+1)}\,; \tag{76}$$

ist $\mathfrak{v}$ an die $n-i$ Gleichungen: $H[\mathfrak{v}, \mathfrak{g}_k^{(n+1)}] = 0$, $k = n+1, n, n-1, \ldots, i+2$ gebunden, so wird

$$L_i^{(n)} \leq \operatorname*{Max}_{\mathfrak{v} \in \mathfrak{D}_n} L[\mathfrak{v}] \leq \operatorname*{Max}_{\mathfrak{v} \in \mathfrak{D}_{n+1}} L[\mathfrak{v}] = L_{i+1}^{(n+1)}\,. \tag{77}$$

Aus den beiden letzten Ungleichungen, (76) und (77), folgt nun:

$$L_i^{(n)} \leq L_{i+1}^{(n+1)} \leq L_{i+1}^{(n)} \tag{78}$$

oder in Worten: *Fügt man zum Ritzschen Ansatz* (Gl. 62) *noch eine weitere, von den n ersten linear unabhängige Koordinatenfunktion zu, so können sämtliche Ritzschen Werte nur sinken, aber nie unter den nächsttieferen Wert des alten Systems*; der neu dazugekommene $(n+1)$te Wert ist mindestens gleich dem größten (n-ten) Wert des alten Systems.

Fügt man insbesondere nacheinander die n ersten *Eigenfunktionen* [1] zu, die ja das Variationsproblem $L[\mathfrak{v}] = \text{Extr.}$ in $\mathfrak{D}$ lösen, so lösen sie es a fortiori im Unterraum $\mathfrak{D}_{2n} \in \mathfrak{D}$ sind also Lösungsfunktionen des $(2n)$-Systems. Und zwar sind sie mit den n *ersten* Lösungsfunktionen

[1] Ist ein $\mathfrak{f}_i$ schon als Linearkombination von $\mathfrak{v}_1, \ldots, \mathfrak{v}_n, \mathfrak{f}_1, \ldots, \mathfrak{f}_{i-1}$ darstellbar, so wird es natürlich nicht mehr zugefügt.

identisch, da die übrigen zu ihnen orthogonal, ihre L-Werte also größer als λ_n sein müssen (oder höchstens gleich λ_n). Es ist also $L_i^{(2n)} = \lambda_i$ und somit nach Gl. (78)

$$L_i \geq \lambda_i\,, \quad i = 1, 2, \ldots, n \tag{79}$$

(für beliebiges n) oder in Worten: *Sämtliche* Ritz*schen Werte sind obere Schranken für die entsprechenden Eigenwerte und können also durch Zufügung weiterer Koordinatenfunktionen nur verbessert werden.*

Dieser letzte Satz legt den Versuch nahe, die Eigenwerte *exakt* zu berechnen, indem man als Koordinatenfunktionen eine *unendliche* Funktionenfolge wählt. Dazu ist folgendes zu bemerken:

1. *Die* Ritz*schen Werte konvergieren dann und nur dann gegen die entsprechenden Eigenwerte:*

$$\lim_{n\to\infty} L_i^{(n)} = \lambda_i \text{ für jedes festgewählte } i\,, \tag{80}$$

wenn es für jede Funktion $\mathfrak{u} \in \mathfrak{D}$ *eine Zahlfolge* z_l *gibt, so daß*

$$\lim_{n\to\infty} D[\mathfrak{u} - \sum_{l=1}^{n} z_l \mathfrak{v}_l\,,\ \mathfrak{u} - \sum_{l=1}^{n} z_l \mathfrak{v}_l] = 0\,. \tag{81}$$

Der Beweis sei hier nur angedeutet: Da wir durch die Definition von $\mathfrak{D}$ den Eigenwert $\lambda = 0$ ausgeschlossen haben, folgt aus der Entwicklung von $\mathfrak{u}$ und $\Sigma z_l \mathfrak{v}_l$ nach Eigenfunktionen leicht eine zu Gl. (81) analoge Gleichung für H und somit auch für $L = D/H$, so daß also für $n \to \infty$ das Ritzsche Variationsproblem in dasjenige für die Eigenwerte übergeht.

2. Wenn es gelingt, die Wurzeln der so entstandenen unendlichen Säkulargleichung exakt zu berechnen, so gibt es wohl immer (wenigstens in allen mir bekannten Fällen) einen einfacheren Weg, die Eigenwerte (und meist auch die Eigenfunktionen) direkt aus dem Variationsproblem zu gewinnen, ohne den Umweg über einen Ritzschen Ansatz, so daß dem obigen Satz (80) + (81) keine praktische Bedeutung zukommt.

Die Vorteile des Ritz*schen Verfahrens sind vor allem, daß man oft schon mit wenigen Koordinatenfunktionen* (meist den ersten Gliedern eines im Sinne von Gl. (81) „in Bezug auf D vollständigen Funktionensystems") *relativ gute Näherungen erhält, vor allem für den ersten Eigenwert, ohne daß die* y_{il} *oder gar die Lösungsfunktionen explizit berechnet zu werden brauchen. Dem stehen als Mängel gegenüber, daß der Fehler* $L_i - \lambda_i$ *nicht abgeschätzt werden kann und daß bei nachträglicher Erhöhung der Genauigkeit durch Zufügung einer weiteren Koordinatenfunktion der mühsamste Teil der Rechnung, nämlich die Auflösung der Säkulargleichung* (65), *fast von vorn begonnen werden muß.*

7. Die Iterationsmethode und das Grammelsche Verfahren.

Aus den Vollständigkeitsrelationen (58) ist ersichtlich, daß analog zum 1. Satz des 4. Abschnittes die Eigenwerte und Eigenfunktionen auch rekursiv Lösungen der Variationsprobleme sind: Eine Funktion $\mathfrak{v} = \mathfrak{f}_n$ aus $\mathfrak{D}'$ zu suchen, für welche

$$L'[\mathfrak{v}] = \frac{D'[\mathfrak{v}, \mathfrak{v}]}{D[\mathfrak{v}, \mathfrak{v}]} \tag{82}$$

zum Minimum wird unter den Nebenbedingungen $D[\mathfrak{v}, \mathfrak{f}_i] = 0$, $(i = 1, 2, \ldots, n-1)$. (Wir dürfen hier nicht auf $D[\mathfrak{v}, \mathfrak{v}] = 1$ normieren, um nicht in Widerspruch zu unserer früheren Normierung der Eigenfunktionen zu kommen.) — Natürlich kann man auch hier zur *genäherten* Lösung des Variationsproblems einen linearen Ansatz machen, analog zu Gl. (62) (vgl. CE 231):

$$\mathfrak{v}[\mathfrak{r}; y_1, y_2, \ldots, y_n] = \sum_{l=1}^{n} y_l \mathfrak{v}_l[\mathfrak{r}], \qquad \text{alle } \mathfrak{v}_l \in \mathfrak{D}' \tag{62'}$$

(indem man also den Funktionenraum $\mathfrak{D}'$ durch einen Unterraum $\mathfrak{D}'_n$ ersetzt). Alle Sätze und Gleichungen des letzten Paragraphen lassen sich dann wörtlich auf dieses Näherungsverfahren übertragen, indem man

$$\text{in Gl. (62)—(81)} \left\{ \begin{array}{c} \mathfrak{D} \text{ durch } \mathfrak{D}' \\ H \text{ und } h_{lm} \text{ durch } D \text{ und } d_{lm} \\ D \text{ und } d_{lm} \text{ durch } D' \text{ und } d'_{lm} \\ y_{il} \text{ und } \mathfrak{g}_i \text{ durch } \bar{y}_{il} \text{ und } \bar{\mathfrak{g}}_i \\ \text{L und } L_i \text{ durch } L' \text{ und } L'_i \end{array} \right\} \text{ ersetzt.} \qquad (62')—(81')$$

Es mag zuerst auffallen, daß wir hier die L_i von den L'_i und sogar die $\mathfrak{g}_i$ von den $\bar{\mathfrak{g}}_i$ unterschieden haben[1]; aber tatsächlich sind, wie man leicht an einfachen Beispielen zeigen kann, die sukzessiven Minima wie auch die Lösungsfunktionen für die beiden Variationsprinzipien im allgemeinen verschieden, wenn man sich auf einen Unterraum $\mathfrak{D}'_n \in \mathfrak{D}'$ beschränkt (während sie ja für $\mathfrak{D}'$ dieselben sind); und zwar gilt:

$$L'_i = L'[\bar{\mathfrak{g}}_i] \geq L[\mathfrak{g}_i] = L_i\,, \tag{83}$$

oder in Worten: *Macht man für* $\mathfrak{v}$ *einen linearen Ansatz der Form* (62'), *so sind die sukzessiven Minima von* $L'[\mathfrak{v}]$ *im allgemeinen größer und sicher nie kleiner als die von* $L[\mathfrak{v}]$. — *Beweis*: Zunächst folgt aus der SCHWARZschen Ungleichung:

$$\left(\sum_{i=1}^{\infty} \lambda_i c_i^2\right)^2 \leq \sum_{i=1}^{\infty} c_i^2 \cdot \sum_{i=1}^{\infty} \lambda_i^2 c_i^2\,, \tag{84}$$

also nach Gl. (58):
$$(D[\mathfrak{v}, \mathfrak{v}])^2 \leq H[\mathfrak{v}, \mathfrak{v}] \cdot D'[\mathfrak{v}, \mathfrak{v}]\,. \tag{85}$$

Dividiert man beide Seiten durch $H \cdot D$, so ergibt sich — nach der Definition von L (Gl. 40) und L' (Gl. 82) — die wichtige Ungleichung:

$$L[\mathfrak{v}] \leq L'[\mathfrak{v}] \quad \text{für jedes} \quad \mathfrak{v} \in \mathfrak{D}'\,. \tag{86}$$

Aber damit ist (83) noch nicht bewiesen, da ja im allgemeinen $\mathfrak{g}_i \neq \bar{\mathfrak{g}}_i$ ist. Nach der Maximum-Minimum-Eigenschaft der L'-Werte, die man wieder analog zu Gl. (145)—(151) beweisen kann, gibt es aber für jedes i (zwischen 1 und n) eine Funktion $\mathfrak{u}_i \in \mathfrak{D}'_n$, für welche $D[\mathfrak{u}_i, \mathfrak{g}_k] = 0$ (für $k = 1, 2, \ldots, i-1$) und $L'_i \geq L'[\mathfrak{u}_i]$; ferner ist nach Gl. (86) $L'[\mathfrak{u}_i] \geq L[\mathfrak{u}_i]$ und nach Gl. (72) bis (74) $L[\mathfrak{u}_i] \geq L_i$. Aus den drei letzten Ungleichungen ergibt sich endlich die Behauptung (83).

In genau derselben Weise kann man nun noch einen Schritt weitergehen (im Gleichungssystem „nach unten"), indem man

[1] Die naheliegende Bezeichnung $\mathfrak{g}'_i$ würde leider mit Gl. (20) kollidieren!

$$L''[\mathfrak{v}] = \frac{D''[\mathfrak{v},\mathfrak{v}]}{D'[\mathfrak{v},\mathfrak{v}]} = \frac{D[\mathfrak{v}',\mathfrak{v}']}{H[\mathfrak{v}',\mathfrak{v}']} = L[\mathfrak{v}'] \quad , \quad \mathfrak{v} \in \mathfrak{D}'' \,, \tag{87}$$

zum Extremum macht. Im vollständigen Funktionenraum $\mathfrak{D}''$ ergeben sich dann wieder die Eigenfunktionen und Eigenwerte; im „n-dimensionalen“ Unterraum $\mathfrak{D}''_n \in \mathfrak{D}''$, d. h. bei einem linearen Ansatz

$$\mathfrak{v}[\mathfrak{r}; y_1, y_2, \ldots, y_n] = \sum_{l=1}^{n} y_l \mathfrak{v}_l[\mathfrak{r}] \quad , \quad \text{alle } \mathfrak{v}_l \in \mathfrak{D}'' \tag{62''}$$

erhalten wir analog zum RITZschen Verfahren die Lösungsfunktionen $\bar{\mathfrak{g}}_i$ und die zugehörigen Näherungswerte $L''_i = L''[\bar{\mathfrak{g}}_i]$. Mit Hilfe der SCHWARZschen Ungleichung und des Maximum-Minimum-Prinzips lassen sich die Gl. (83) und (86) erweitern zu:

$$\lambda_1 \leq L[\mathfrak{v}] \leq L'[\mathfrak{v}] \leq L''[\mathfrak{v}] = L[\mathfrak{v}'] \quad \text{für jedes } \mathfrak{v} \in \mathfrak{D}'' \tag{88}$$

und

$$\lambda_i \leq L_i \leq L'_i \leq L''_i \,, \tag{89}$$

wobei die L''_i offensichtlich identisch sind mit den RITZschen Werten zum Ansatz

$$\mathfrak{w}[\mathfrak{r}; y_1, y_2, \ldots, y_n] = \sum_{l=1}^{n} y_l \mathfrak{w}_l[\mathfrak{r}] \quad \text{mit} \quad \mathfrak{w}_l = \mathfrak{v}'_l \tag{90}$$

Damit haben wir alle mathematischen Grundlagen für die Besprechung der beiden im Titel dieses Paragraphen genannten Verfahren zusammengestellt:

Das Iterationsverfahren (C 225) eignet sich vor allem zur genäherten Berechnung des *ersten* Eigenwerts. Man geht dabei aus von einer beliebigen Funktion $\mathfrak{w} \in \mathfrak{H}$ (vorzugsweise einer Funktion, welche den erwarteten Verlauf der ersten Eigenfunktion einigermaßen wiedergibt) und *„iteriert“* $\mathfrak{w}$, *d. h. man sucht eine Funktion* $\mathfrak{v} \in \mathfrak{D}'$ (*es muß also, nach der Definition von $\mathfrak{D}'$, für freie und für feste Ränder $\mathfrak{v}$ den Randbedingungen genügen*), *für welche $\mathfrak{v}' = \mathfrak{w}$ ist, also nach* Gl. (20):

$$\nabla C \nabla \mathfrak{v} = -\varrho \mathfrak{w} \,. \tag{91}$$

$L'[\mathfrak{v}]$ und $L[\mathfrak{v}]$ sind dann natürlich obere Schranken für den ersten Eigenwert, welche, falls schon $\mathfrak{w}$ zu $\mathfrak{D}$ gehört, nach Gl. (88) besser sind als $L[\mathfrak{w}]$ (das Gleichheitszeichen in Gl. (88) gilt dann und nur dann, wenn $\mathfrak{v}[\mathfrak{r}]$ eine Eigenfunktion, also $L[\mathfrak{v}]$ ein Eigenwert ist). *Durch Wiederholung dieser Operation kann man den L-Wert immer weiter absenken* (*„fortgesetzte Näherungen“*); *er strebt dabei* (*außer im Fall der* Gl. (93)) *gegen den ersten Eigenwert.* Dies folgt wieder aus dem Gleichungssystem (58) und wird sofort anschaulich klar, wenn wir $\mathfrak{w}$ und $\mathfrak{v}$ nach Eigenfunktionen entwickeln:

$$\left.\begin{aligned} \mathfrak{w} = \mathfrak{v}' &= \sum_{i=1}^{\infty} \lambda_i c_i \mathfrak{f}_i = \sum_{i=1}^{\infty} d_i \mathfrak{f}_i \\ \mathfrak{v} &= \sum_{i=1}^{\infty} c_i \mathfrak{f}_i = \sum_{i=1}^{\infty} \frac{d_i}{\lambda_i} \mathfrak{f}_i \end{aligned}\right\} \begin{array}{c}\text{konvergiert „im Mittel“}\\ \text{innerhalb der in Gl. (58)}\\ \text{angegebenen Grenzen.}\end{array} \tag{92}$$

Bei der Iteration (Übergang von $\mathfrak{v}'$ zu $\mathfrak{v}$) *werden also die Anteile der höheren Eigenfunktionen um so mehr abgeschwächt, je größer die zugehörigen Eigenwerte sind*[1]. Nur wenn

$$d_i = H[\mathfrak{f}_i, \mathfrak{w}] = 0 \quad \text{für } i = 1, 2, \ldots, k-1 \;, \quad \text{aber} \quad d_k \neq 0 \;, \tag{93}$$

streben die L-Werte bei der Iteration nicht gegen λ_1 sondern gegen λ_k. Wenn man die $\mathfrak{f}_1, \mathfrak{f}_2, \ldots, \mathfrak{f}_{k-1}$ nicht (exakt) kennt, kann man *zur genäherten Berechnung der höheren Eigenwerte die Iterationsmethode mit dem* RITZ*schen Verfahren kombinieren, indem man zur Gewinnung verbesserter oberer Schranken die Koordinatenfunktionen iteriert,* und nicht etwa die Lösungsfunktionen! Denn die L-Werte der iterierten Lösungsfunktionen sind im allgemeinen nicht mehr obere Schranken für die entsprechenden Eigenwerte[2].

Da die Iteration oft auf mathematische Schwierigkeiten stößt, hat HOHENEMSER [5] vorgeschlagen, nur einen halben Iterationsschritt auszuführen, d. h. von $L[\mathfrak{w}]$ nur zu $L'[\mathfrak{v}]$ überzugehen, statt zu $L[\mathfrak{v}]$. Nach Gl. (54), (17), (15) und (9) ist nämlich

$$L'[\mathfrak{v}] = \frac{\mathrm{H}[\mathfrak{w}, \mathfrak{w}]}{\int \Pi^v \; S\, \Pi^v \, dS} \;, \tag{94}$$

so daß man also zur Berechnung von $L'[\mathfrak{v}]$ nicht $\mathfrak{v}$ selbst braucht, sondern nur den Spannungstensor Π^v (vgl. den Schlußsatz dieses Abschnitts!).

Das GRAMMEL*sche Verfahren*[3] kombiniert diese halbe Iteration mit dem RITZschen Verfahren. Man geht dabei aus von einem linearen Ansatz für $\mathfrak{w}$ wie in Gl. (90), mit $\mathfrak{w}_l \in \mathfrak{H}$, und berechnet, analog zum RITZschen Verfahren, die Wurzeln der Säkulargleichung

$$\det[d'_{lm} - L' \cdot d_{lm}] = 0 \tag{(65') = (95)}$$

mit

$$\left\{\begin{aligned} d'_{lm} &= H[\mathfrak{w}_l, \mathfrak{w}_m] \\ d_{lm} &= \int \Pi^{vl}\, S\, \Pi^{vm} \, dS. \end{aligned}\right\} \tag{96}$$

Nach Gl. (89) liegen dann diese GRAMMELschen Werte zu den Koordinatenfunktionen $\mathfrak{w}_l$ zwischen den entsprechenden RITZschen Werten zu diesen Koordinatenfunktionen und denen zu den iterierten Funktionen $\mathfrak{v}_l$.

Leider ist im allgemeinen dreidimensionalen Fall, der dieser Arbeit zugrunde liegt, sowie auch im zweidimensionalen Fall der schwingenden

[1] Es entspricht dies der bekannten Tatsache, daß eine Funktion $y(x)$ im allgemeinen bei der Integration „glatter" wird.

[2] Das hier empfohlene Verfahren ist nicht nur im Resultat, sondern auch im rechnerischen Aufwand den komplizierten Orthogonalisierungsverfahren, wie sie etwa KOCH [6] und TRAENKLE [21] vorgeschlagen haben, weit überlegen, da wir ja nicht einmal die Lösungsfunktionen explizit zu bestimmen, sondern nur die Wurzeln der betreffenden Säkulargleichungen zu suchen brauchen. — Es sei übrigens in diesem Zusammenhang darauf hingewiesen, daß bei HOHENEMSER [5] (8. Kapitel) die KOCHschen Orthogonalisierungsgleichungen falsch zitiert sind (der Faktor $1/\lambda_1$ bzw. $1/\lambda_1^n$ ist zu streichen!) und daß bei Anwendung des TRAENKLEschen Verfahrens die wiederholte Transformation der Koordinatenfunktionen durch Berechnung der RITZschen Lösungsfunktionen nach jedem Iterationsschritt ganz überflüssig ist, da sie ja am Resultat nichts ändern kann.

[3] Vgl. C 235 und die GRAMMELsche Originalarbeit [4].

Scheibe, *weder das Iterationsverfahren noch das* GRAMMEL*sche Verfahren rechnerisch durchführbar, da es im allgemeinen nicht möglich ist, zu einer beliebigen Funktion* $\mathfrak{w}$ *das zugehörige* $\mathfrak{v} \in \mathfrak{D}'$ *zu finden, das der Differentialgleichung* (91) *genügt*[1], außer in einigen ganz einfachen Spezialfällen, für die aber das Eigenwertproblem ohnehin exakt lösbar ist. (Im eindimensionalen Fall dagegen, wo das Randwertproblem durch einfache, ev. graphische, Integrationen gelöst werden kann, können beide Verfahren mit großem Erfolg angewandt werden.) Es bleibt daher nur der umgekehrte Weg offen: von einer oder mehreren Funktionen $\mathfrak{v} \in \mathfrak{D}'$ auszugehen und die zugehörigen $\mathfrak{w} = \mathfrak{v}'$ zu berechnen[2]. Daraus ergeben sich zwar keine Verbesserungen des L-Wertes, aber — wie wir in den nächsten Paragraphen sehen werden — gewisse Möglichkeiten zur Aufstellung unterer Schranken, womit wenigstens der erste Nachteil des RITZschen Verfahrens (teilweise) behoben werden kann. Die Gleichungen dieses Paragraphen sind dabei nicht nur als Grundlage für die folgenden Paragraphen wichtig, sondern auch zur Kontrolle numerischer Rechnungen (vor allem die Größenfolgen Gl. (88) und (89)).

Zum Abschluß dieses Paragraphen sei aber folgendes noch bemerkt: Die Definition und Formulierung des „halben Iterationsschrittes" in Gl. (94) legt es nahe, zur Gewinnung von zwei „aufeinanderfolgenden L-Werten" L' und L'', mit denen die Berechnung unterer Schranken ebensogut durchgeführt werden könnte, wie mit L und L', nicht von $\mathfrak{v}$ auszugehen, sondern direkt von einem (den Randbedingungen genügenden) Spannungstensor Π, indem man den Ausdruck

$$L'[\Pi] = \frac{\int \frac{1}{\varrho} (\nabla \Pi)^2 dS}{\int \Pi S \Pi dS} \tag{97}$$

zum Extremum macht. Läßt man alle symmetrischen Π zum Variationsproblem zu, so ergibt sich zwar durch partielle Integration (ähnlich wie im 3. Paragraphen, Gl. (40) bis (46)) die richtige Differentialgleichung

$$C \nabla \mathfrak{w} + \lambda \Pi = 0 \text{ mit } \mathfrak{w} = \frac{1}{\varrho} \nabla \Pi \tag{98}$$

und aus dem Randglied als „natürliche Randbedingung" $\nabla \Pi = 0$, wenn man nicht die „Zwangsbedingung" $\mathfrak{n}\Pi = 0$ fordert, *aber* $L'[\Pi]$ *ist nicht mehr eine obere Schranke für den ersten Eigenwert, wenn* Π *nicht nach Gl.* (14) *aus einer Funktion* $\mathfrak{v} \in \mathfrak{D}'$ *gebildet ist* (wenn also, anders ausgedrückt $S\Pi$ nicht der symmetrische Teil eines Vektorgradienten ist). Das liegt daran, daß für das Variationsproblem Gl. (98) der Eigenwert $\lambda = 0$ unendlich entartet ist: Es gibt eine unendliche Anzahl linear unabhängiger

[1] Auch der Weg über die GREENsche Funktion ist hier nicht gangbar, da die Konstruktion des GREENschen Tensors womöglich noch schwieriger wäre (vgl. etwa den komplizierten Beweis von FREDHOLM [3] für die Existenz einer „Grundlösung" für anisotrope Körper). Dies ist auch der Hauptgrund, warum die Methode der Integralgleichungen in dieser Arbeit ganz übergangen wird.

[2] Diesen Weg geht z. B. auch TREFFTZ [22] bei einem als Beispiel gerechneten zweidimensionalen Probem (elliptische Membran).

$\Pi[\mathfrak{x}]$, für welche $\nabla\Pi = 0$ im Inneren des Körpers und $\nabla\Pi = 0$ bzw. $\mathfrak{n}\Pi = 0$ auf der Oberfläche. Ein anschauliches Beispiel hierfür ist etwa ein schnell gekühlter Glaskörper, der zwar innere Spannungen aufweist, aber keine äußeren Kräfte ($\nabla\Pi = 0$). *Der direkte Π-Ansatz scheint mir daher nicht möglich und aus demselben Grunde ist auch ein halber Iterationsschritt nicht leichter durchzuführen als ein ganzer, da die Erfüllung der Gleichung $\nabla\Pi^{v} = -\varrho\mathfrak{w}$ (+ zugehörige Randbedingungen) nicht ausreicht: Für einen so gebildeten Spannungstensor und die nach Gl.* (94) *gebildeten L'-Werte gelten die Ungleichungen* (88) *und* (89) *nur dann, wenn $S\Pi^{v}$ der symmetrische Teil eines Vektorgradienten ist*[1].

8. Berechnung unterer Schranken für die Eigenwerte.

Als Ausgangspunkt für die Sätze dieses Abschnittes beweisen wir zuerst die beiden wichtigen Ungleichungen:

$$\lambda_i\lambda_{i+1} H[\mathfrak{v},\mathfrak{v}] - (\lambda_i + \lambda_{i+1}) D[\mathfrak{v},\mathfrak{v}] + D'[\mathfrak{v},\mathfrak{v}] \geq 0 \text{ für jedes } \mathfrak{v}[\mathfrak{x}] \in \mathfrak{D}' \quad (100)$$

$$L_i L_{i+1} H[\mathfrak{v},\mathfrak{v}] - (L_i + L_{i+1}) D[\mathfrak{v},\mathfrak{v}] + D'[\mathfrak{v},\mathfrak{v}] \geq 0 \text{ für jedes } \mathfrak{v}[\mathfrak{x}] \in \mathfrak{D}'_n. \quad (101)$$

Dabei soll $\mathfrak{v} \in \mathfrak{D}'_n$ bedeuten, daß $\mathfrak{v}$ nach (Gl. 62′) gebildet ist und $L_1, \ldots, L_i, L_{i+1}, \ldots L_n$ sind die zugehörigen Ritzschen Werte. *Für beide Ungleichungen und damit für alle in diesem Paragraphen beschriebenen Methoden ist also wesentlich, daß $\mathfrak{v}$ bzw. die Koordinatenfunktionen $\mathfrak{v}_l$ zum Funktionenraum $\mathfrak{D}'$ gehören, also sowohl bei festen, wie auch bei freien Rändern den Randbedingungen* (47) *bzw.* (46) *genügen.*

Der Beweis des ersten Satzes ergibt sich sofort aus den Vollständigkeitssätzen: Nach Gl. (58) ist nämlich Gl. (100) gleichbedeutend mit

$$\lambda_i\lambda_{i+1} \sum_{j=1}^{\infty} c_j^2 - (\lambda_i + \lambda_{i+1}) \sum_{j=1}^{\infty} \lambda_j c_j^2 + \sum_{j=1}^{\infty} \lambda_j^2 c_j^2$$
$$= \sum_{j=1}^{\infty} (\lambda_i - \lambda_j)(\lambda_{i+1} - \lambda_j) c_j^2 \geq 0 \quad (102)$$

und in der letzten Summe ist kein Glied negativ, da ja zwischen λ_i und λ_{i+1} kein Eigenwert liegen kann. — Ebenso kann zwischen L_i und L_{i+1} kein anderer Ritzscher Wert L_j liegen; also ergibt sich analog:

$$L_i L_{i+1} \sum_{j=1}^{n} x_j^2 - (L_i + L_{i+1}) \sum_{j=1}^{n} L_j x_j^2 + \sum_{j=1}^{n} L_j^2 x_j^2 \geq 0 \quad (103)$$

oder, nach Gl. (73) und (72):

$$L_i L_{i+1} H[\mathfrak{v},\mathfrak{v}] - (L_i + L_{i+1}) \cdot D[\mathfrak{v},\mathfrak{v}] + \sum_{j=1}^{n} L_j^2 x_j^2 \geq 0\,. \quad (104)$$

Zur Abschätzung des letzten Gliedes von (101) dient folgende Rechnung: Da $H[\mathfrak{v},\mathfrak{v}]$ für alle Funktionen $\mathfrak{v} \in \mathfrak{H}$ positiv definit ist, gilt insbesondere:

[1] Vgl. dazu die Schlußbemerkung in der Grammelschen Originalarbeit [4] der ich mich also nicht ganz anschließen kann.

$$\left.\begin{aligned} 0 &\leq H[\mathfrak{v}' - \sum_{j=1}^{n} x_j L_j \mathfrak{g}_j,\ \mathfrak{v}' - \sum_{j=1}^{n} x_j L_j \mathfrak{g}_j] \\ &= D'[\mathfrak{v},\mathfrak{v}] - 2D\left[\mathfrak{v}, \sum_{j=1}^{n} x_j L_j \mathfrak{g}_j\right] + H\left[\sum_{j=1}^{n} x_j L_j \mathfrak{g}_j,\ \sum_{j=1}^{n} x_j L_j \mathfrak{g}_j\right] \\ &= D'[\mathfrak{v},\mathfrak{v}] - 2\sum_{j=1}^{n} x_j^2 L_j^2 + \sum_{j=1}^{n} x_j^2 L_j^2 = D'[\mathfrak{v},\mathfrak{v}] - \sum_{j=1}^{n} x_j^2 L_j^2 \end{aligned}\right\} \quad (105)$$

Das letzte Glied (101) ist also größer als das von (104), womit die Ungleichung (101) bewiesen ist.

Schreiben wir Gl. (100) in der Form:

$$\lambda_i (\lambda_{i+1} H[\mathfrak{v},\mathfrak{v}] - D[\mathfrak{v},\mathfrak{v}]) \geq \lambda_{i+1} D[\mathfrak{v},\mathfrak{v}] - D'[\mathfrak{v},\mathfrak{v}]\,. \quad (106)$$

so ergibt sich, falls die erste Klammer positiv, also $L[\mathfrak{v}] \leq \lambda_{i+1}$ ist:

$$\lambda_i \geq \frac{\lambda_{i+1} D[\mathfrak{v},\mathfrak{v}] - D'[\mathfrak{v},\mathfrak{v}]}{\lambda_{i+1} H[\mathfrak{v},\mathfrak{v}] - D[\mathfrak{v},\mathfrak{v}]} \quad \left\{\begin{array}{l}\text{wenn } \mathfrak{v} \in \mathfrak{D}' \\ \text{und } L[\mathfrak{v}] < \lambda_{i+1}\end{array}\right\}^{1} \quad (107)$$

oder nach der Definition von $L[\mathfrak{v}]$ und $L'[\mathfrak{v}]$:

$$\lambda_i \geq L[\mathfrak{v}]\left(1 - \frac{L'[\mathfrak{v}] - L[\mathfrak{v}]}{\lambda_{i+1} - L[\mathfrak{v}]}\right) \left\{\begin{array}{l}\text{wenn } \mathfrak{v} \in \mathfrak{D}' \\ \text{und } L[\mathfrak{v}] < \lambda_{i+1}\end{array}\right\} \quad (108)$$

und, wenn l_{i+1} eine untere Schranke für λ_{i+1} ist, a fortiori:

$$\lambda_i \geq l_i = L[\mathfrak{v}]\left(1 - \frac{L'[\mathfrak{v}] - L[\mathfrak{v}]}{l_{i+1} - L[\mathfrak{v}]}\right) \left\{\begin{array}{l}\text{wenn } \mathfrak{v} \in \mathfrak{D}' \\ \text{und } L[\mathfrak{v}] < l_{i+1}\end{array}\right\}^{2} \quad (109)$$

oder in der zu Gl. (107) analogen Form:

$$\lambda_i \geq l_i = \frac{l_{i+1} D[\mathfrak{v},\mathfrak{v}] - D'[\mathfrak{v},\mathfrak{v}]}{l_{i+1} H[\mathfrak{v},\mathfrak{v}] - D[\mathfrak{v},\mathfrak{v}]} \left\{\begin{array}{l}\text{wenn } \mathfrak{v} \in \mathfrak{D}' \\ \text{und } L[\mathfrak{v}] < l_{i+1}\end{array}\right\} \quad (110)$$

Kennt man also eine hinreichend gute untere Schranke für den $(i+1)$*ten Eigenwert, so kann man nach diesen Formeln auch für den i-ten Eigenwert eine untere Schranke berechnen.* Es wird dabei nicht verlangt, daß $L[\mathfrak{v}]$ eine obere Schranke für λ_i sei; *dagegen hat die Anwendung von Gl.* (109) *und* (110) *nur dann einen Sinn, wenn* l_{i+1} *nicht nur größer als* $L[\mathfrak{v}]$, *sondern sogar größer als* $L'[\mathfrak{v}]$ *ist*: sonst sagen diese Gleichungen nämlich nur aus, daß λ_i positiv sei, was selbstverständlich ist. — *Wie müssen wir nun* $\mathfrak{v}[\mathfrak{x}]$ *wählen, damit wir eine möglichst gute, d. h. eine möglichst große untere Schranke erhalten?* Da in Gl. (110) l_i als Quotient

[1] Man kann leicht zeigen, daß die rechte Seite von Gl. (107) die beste untere Schranke ist, die man aus H, D, D' und λ_{i+1} berechnen kann (für $\mathfrak{v} = af_1 + bf_2$ gilt nämlich in (107) das Gleichheitszeichen). Die unteren Schranken von Newing [14] und Trefftz [22] sind daher nicht nur komplizierter, sondern auch im allgemeinen schlechter (d. h. kleiner).

[2] Für $i = 1$ wurde dieser Satz schon von Temple [20] aufgestellt, der dabei ebenfalls nur von den Vollständigkeitssätzen ausging, und nicht vom Entwicklungssatz selbst (vgl. C 229). — Gl. (109) ist nicht mit der Formel (14·25) von Collatz (CE 213) identisch, da wir *nicht* $c_1 = c_2 = \ldots = c_{i-1} = 0$ voraussetzen.

zweier quadratischer Ausdrücke von $\mathfrak{v}$ erscheint, können wir auch hier ähnlich vorgehen, wie beim RITZschen Verfahren: Verwenden wir wieder den Ansatz Gl. (62') für $\mathfrak{v}[\mathfrak{x}]$, so ergibt sich nach Gl. (63) und (63'):

$$\left.\begin{aligned} l_{i+1}\, H[\mathfrak{v},\mathfrak{v}] - D(\mathfrak{v},\mathfrak{v}] &= \sum_{l,m=1}^{n} (l_{i+1}\, h_{lm} - d_{lm})\, y_l\, y_m \\ l_{i+1}\, D[\mathfrak{v},\mathfrak{v}] - D'[\mathfrak{v},\mathfrak{v}] &= \sum_{l,m=1}^{n} (l_{i+1}\, d_{lm} - d'_{lm})\, y_l\, y_m \end{aligned}\right\} \qquad (111)$$

Das gesuchte Maximum von l_i muß also eine Wurzel der Säkulargleichung

$$\det [(l_{i+1}\, d_{lm} - d'_{lm}) - l_i\, (l_{i+1}\, h_{lm} - d_{lm})] = 0 \; ^{1} \qquad (112)$$

sein. Welche der n Wurzeln dieser Gleichung ist nun die richtige und wie steht es mit der Voraussetzung $L[\mathfrak{v}] < l_{i+1}$? — Aus Gl. (109) und (88) ersieht man:

$$\left.\begin{aligned} &\text{Ist } l_i < L[\mathfrak{v}], \quad \text{so muß } L[\mathfrak{v}] < l_{i+1} \text{ sein,} \\ &\text{ist } l_i > L[\mathfrak{v}], \quad \text{so muß } L[\mathfrak{v}] > l_{i+1} \text{ sein.} \end{aligned}\right\} \qquad (113)$$

Also sind alle Wurzeln der Säkulargleichung (112), *welche kleiner als l_{i+1} sind, untere Schranken für λ_i, und die „richtige" ist einfach die größte unter diesen.* — Weiter können wir aussagen: *Die Anwendung dieses Verfahrens hat nur dann einen Sinn, wenn*

$$l_{i+1} > L'_i = L'[\bar{\mathfrak{g}}_i]\,; \qquad (114)$$

andernfalls ist nämlich $L'[\mathfrak{v}] \geq l_{i+1}$ und somit $l_i \leq 0$.

Aber auch wenn die Voraussetzungen für die Anwendung des eben geschilderten Verfahrens günstig sind, gestattet es doch nur die Berechnung von l_1 aus l_2, l_2 aus l_3 und so fort; *es ist also nur dann wirklich anwendbar, wenn wir für einen nicht zu hohen Eigenwert auf anderem Wege eine untere Schranke angeben können.* In einfacheren Fällen wird es mit einem mehrgliedrigen Ansatz, der dann allerdings viel Rechenarbeit erfordert, oft möglich sein, die erste und ev. noch die zweite Eigenfunktion so gut anzunähern, daß l_2 auf l_1, bzw. l_3 auf l_2 keinen großen Einfluß mehr hat, so daß uns schon mit relativ groben Abschätzungen des zweiten bzw. dritten Eigenwertes geholfen wäre, wie man sie etwa bei Anwendung der im 10. Abschnitt behandelten Methoden erhält[2].

Will man nicht die Frequenzen aus den Elastizitätsmoduln vorausberechnen, sondern umgekehrt die Elastizitätsmoduln aus den Resonanzfrequenzen bestimmen, so besteht die Möglichkeit, auch die höheren Eigenwerte zu messen und daraus den maximalen Fehler bei der Berechnung der Elastizitätsmoduln mit Hilfe des oben beschriebenen Verfahrens zu ermitteln. Allerdings kann es dabei vorkommen, daß z. B. eine schwer anzuregende Eigenschwingung übersehen wird, so daß die Fehlergrenzen doch noch zu schmal errechnet werden.

Löst man die Ungleichung (100) nach λ_{i+1} auf, so ergibt sich:

$$\lambda_{i+1} \leq \frac{D'[\mathfrak{v},\mathfrak{v}] - \lambda_i D[\mathfrak{v},\mathfrak{v}]}{D[\mathfrak{v},\mathfrak{v}] - \lambda_i H[\mathfrak{v},\mathfrak{v}]} = L[\mathfrak{v}]\left(1 + \frac{L'[\mathfrak{v}] - L[\mathfrak{v}]}{L[\mathfrak{v}] - \lambda_i}\right) \left\{\begin{matrix}\text{wenn } \mathfrak{v} \in \mathfrak{D}' \\ \text{und } L[\mathfrak{v}] > \lambda_i\end{matrix}\right\} \qquad (115)$$

[1] Man beachte die Einschränkung (114)!

[2] Vgl. dazu auch CE 186.

und a fortiori:

$$\lambda_{i+1} \leq \frac{D'[\mathfrak{v},\mathfrak{v}] - L_i D[\mathfrak{v},\mathfrak{v}]}{D[\mathfrak{v},\mathfrak{v}] - L_i H[\mathfrak{v},\mathfrak{v}]} = L[\mathfrak{v}]\left(1 + \frac{L'[\mathfrak{v}] - L[\mathfrak{v}]}{L[\mathfrak{v}] - L_i}\right) \left\{\begin{matrix}\text{wenn } \mathfrak{v} \in \mathfrak{D}' \\ \text{und } L[\mathfrak{v}] > L_i\end{matrix}\right\} \quad (116)$$

Man kann also, ganz analog zu dem in Gl. (107) *bis* (114) *beschriebenen Verfahren für die unteren Schranken, eine obere Schranke* L_{i+1} *für den* $(i+1)$*-ten Eigenwert berechnen, wenn man eine obere Schranke für den* i*-ten Eigenwert kennt* (oder diesen selbst). Dies kann in gewissen Fällen dazu dienen, einen höheren Eigenwert mit einer einzigen Koordinatenfunktion abzuschätzen, falls $L[\mathfrak{v}]$ größer als der nächsttiefere Eigenwert, bzw. dessen obere Schranke ist. Die rechnerische Durchführung des zu Gl. (112) analogen Variationsverfahrens mit mehreren Koordinatenfunktionen hat dagegen im allgemeinen keinen Sinn; denn wenn man sich schon die Mühe nehmen will, die Wurzeln einer solchen Säkulargleichung aufzusuchen, so ist es stets vorteilhafter, das Ritzsche Verfahren anzuwenden, das mit denselben Koordinatenfunktionen stets bessere obere Schranken liefert (vorausgesetzt, daß man für die Berechnung des $(i+1)$ten Eigenwertes mehr als i Koordinatenfunktionen verwendet). Aus Gl. (101) ergibt sich nämlich sofort:

$$L_{i+1} \leq \frac{D'[\mathfrak{v},\mathfrak{v}] - L_i D[\mathfrak{v},\mathfrak{v}]}{D[\mathfrak{v},\mathfrak{v}] - L_i H[\mathfrak{v},\mathfrak{v}]} \qquad \left\{\begin{matrix}\text{wenn } L[\mathfrak{v}] > L_i \\ \text{und } \quad \mathfrak{v} \in \mathfrak{D}'_n\end{matrix}\right\}; \quad (117)$$

also ist L_{i+1} (d. h. der $[i+1]$-te Ritzsche Wert) immer kleiner, als die obere Schranke nach Gl. (116); diese letztere kann aber — wie man aus der zweiten Form leicht ersieht — nur wachsen, wenn man die obere Schranke für den i-ten Eigenwert erhöht. Schließlich ergibt bei gegebenen Koordinatenfunktionen von allen bisher besprochenen Verfahren das Ritzsche die beste obere Schranke für den ersten Eigenwert[1]. Aus den letzten drei Feststellungen folgt aber durch vollständige Induktion, daß dies auch für den 2., 3., ..., i-ten, ..., n-ten Eigenwert der Fall ist, wie oben behauptet wurde.

Dividieren wir die Ungleichung (100) durch $H[\mathfrak{v},\mathfrak{v}]$, so erhalten wir:

$$\lambda_i \lambda_{i+1} - (\lambda_i + \lambda_{i+1}) L[\mathfrak{v}] + L[\mathfrak{v}] L'[\mathfrak{v}] \geq 0 \quad (118)$$

oder nach einer kleinen Umformung:

$$(\lambda_{i+1} - L[\mathfrak{v}])(L[\mathfrak{v}] - \lambda_i) \leq L[\mathfrak{v}] \cdot (L'[\mathfrak{v}] - L[\mathfrak{v}]) . \quad (119)$$

Daraus folgt, wie man sich leicht überlegt:

Für jedes positive α *muß im abgeschlossenen Intervall*

$$\left.\begin{matrix}\textit{zwischen} & L[\mathfrak{v}] - \alpha\sqrt{L[\mathfrak{v}] \cdot (L'[\mathfrak{v}] - L[\mathfrak{v}])} \\ \textit{und} & L[\mathfrak{v}] + \frac{1}{\alpha}\sqrt{L[\mathfrak{v}] \cdot (L'[\mathfrak{v}] - L[\mathfrak{v}])}\end{matrix} \quad (\mathfrak{v} \in \mathfrak{D}')\right\} \quad (120)$$

mindestens ein Eigenwert liegen.

[1] Erst mit einer Koordinatenfunktion, die nicht nur zu $\mathfrak{D}'$, sondern auch zu $\mathfrak{D}''$ gehört, kann man, wie wir im nächsten Paragraphen sehen werden, eine gegenüber dem Ritzschen Verfahren, d. h. gegenüber $L(\mathfrak{v})$ verbesserte obere Schranke berechnen.

Für $\alpha = 1$ ist dies mit dem W*EINSTEIN**schen Einschließungssatz identisch*[1]. Dieser Satz ist vor allem dann wertvoll, wenn es zufällig gelingt, eine einzelne höhere Eigenfunktion sehr gut anzunähern, so daß $L' - L \ll L$ wird. Doch sind dabei zwei Nachteile in Kauf zu nehmen: Erstens ist es wegen der in Gl. (119) auftretenden Wurzel sehr schwer, enge Schranken zu erzielen, und zweitens *sagt Gl.* (119) *nichts darüber aus, welcher Eigenwert zwischen den angegebenen Schranken liegt. Dieser Satz ist daher nicht dafür geeignet, für das im Anfang dieses Paragraphen geschilderte Verfahren untere Schranken für höhere Eigenwerte zu liefern.*

9. Gleichzeitige Berechnung oberer Schranken für λ_1 und λ_2 mit Hilfe einer einzigen Funktion $\mathfrak{v}[\mathfrak{r}] \in \mathfrak{D}''$.

Nachdem wir im letzten Paragraphen einige Anwendungen der Grundgleichung (100) kennengelernt haben, welche, wie man am besten aus der Form (118) sieht, die gleichzeitige Kenntnis von L und L' benutzt, wollen wir in diesem Paragraphen noch einen Schritt weiter gehen und *eine Ungleichung aufstellen, die neben L und L' noch L'' enthält*[2]. — Wir beweisen dazu zuerst die Hilfsformel (122): Sind a, b, c und l vier beliebige positive Zahlen, aber (vorläufig)

$$a \geq b \geq c \geq l > 0\,, \tag{121}$$

so ist

$$0 \leq (a-c)\,(b-c)\,(a-b) = (a-c)^2\,(b-c) - (b-c)^2\,(a-c)$$

und

$$0 \leq \{(a-c)^2 - (b-c)^2\}\,(c-l) = (a-c)^2\,(c-l) - (b-c)^2\,(c-l)$$

woraus wir durch Addition erhalten:

$$0 \leq (a-c)^2\,(b-l) - (b-c)^2\,(a-l)$$

Ferner folgt aus Gl. (121): $al - bc \leq ac - bl$

und

$$0 \leq (a-b)^2\,(c-l)\,(ab-cl)\,.$$

Aus den drei letzten Ungleichungen ergibt sich unsere Hilfsformel:

$$\left.\begin{aligned} 0 \leq S[a,b,c;l] = {} & (a-b)^2\,(c-l)\,(ab-cl) \\ & + (b-c)^2\,(a-l)\,(bc-al) \\ & + (c-a)^2\,(b-l)\,(ca-bl) \end{aligned}\right\} \tag{122}$$

Da dieser Ausdruck gegenüber jeder (auch nicht zyklischen) Vertauschung der drei Zahlen a, b, c invariant ist, brauchen wir an Stelle von Gl. (121) nur zu verlangen, daß

$$a \geq l; \quad b \geq l; \quad c \geq l; \quad l > 0\,. \tag{123}$$

Diese Ungleichungen sind sicher erfüllt, wenn wir nun

$$a = \lambda_i; \quad b = \lambda_j; \quad c = \lambda_k; \quad l = \lambda_1 \tag{124}$$

---

[1] Die WEINSTEINsche Originalarbeit [24] ist auch bei COLLATZ (C 241) zitiert; es scheint jedoch COLLATZ entgangen zu sein, daß MACDONALD [8] den WEINSTEINschen Satz mit Hilfe der Vollständigkeitssätze bewiesen hat, also ohne Heranziehung des eigentlichen Entwicklungssatzes; vgl. auch CE 208.

[2] Es scheint mir möglich, daß (129) nur ein Spezialfall einer allgemeineren, der Grundformel (100) entsprechenden Ungleichung ist.

setzen. Es ist daher auch

$$0 \leq \sum_{i,j,k=1}^{n} S[\lambda_i, \lambda_j, \lambda_k; \lambda_1]\, c_i^2 c_j^2 c_k^2 . \tag{125}$$

also

$$\left.\begin{aligned} 0 \leq & \sum_{i,j,k=1}^{n} (\lambda_i - \lambda_j)^2 (\lambda_k - \lambda_1)(\lambda_i \lambda_j - \lambda_k \lambda_1)\, c_i^2 c_j^2 c_k^2 \\ & + \sum_{i,j,k=1}^{n} (\lambda_j - \lambda_k)^2 (\lambda_i - \lambda_1)(\lambda_j \lambda_k - \lambda_j \lambda_1)\, c_i^2 c_k^2 c_j^2 \\ & + \sum_{i,j,k=1}^{n} (\lambda_k - \lambda_i)^2 (\lambda_j - \lambda_1)(\lambda_k \lambda_i - \lambda_j \lambda_1)\, c_i^2 c_j^2 c_k^2 \end{aligned}\right\} \tag{126}$$

Da diese drei Summen einander gleich sind, ist jede für sich größer oder mindestens gleich Null, also z. B die mittlere; zerlegen wir in dieser die letzte Klammer, so erhalten wir:

$$\left.\begin{aligned} 0 \leq & \sum_{i=1}^{n} (\lambda_i - \lambda_1)\, c_i^2 \sum_{j,k=1}^{n} (\lambda_j^2 + \lambda_k^2 - 2\lambda_j \lambda_k)\, \lambda_j c_j^2 \lambda_k c_k^2 \\ & - \lambda_1 \sum_{i=1}^{n} (\lambda_i - \lambda_1)\, \lambda_i c_i^2 \sum_{j,k=1}^{n} (\lambda_j^2 + \lambda_k^2 - 2\lambda_j \lambda_k)\, c_j^2 c_k^2 \end{aligned}\right\} \tag{127}$$

oder, nach Zusammenfassung gleicher Terme und Division durch 2:

$$\left.\begin{aligned} 0 \leq & \left\{ \sum_{i=1}^{n} \lambda_i c_i^2 - \lambda_1 \sum_{i=1}^{n} c_i^2 \right\} \left\{ \left(\sum_{j=1}^{n} \lambda_j^3 c_j^2 \right) \left(\sum_{k=1}^{n} \lambda_k c_k^2 \right) - \left(\sum_{j=1}^{n} \lambda_j^2 c_j^2 \right)^2 \right\} \\ - \lambda_1 & \left\{ \sum_{i=1}^{n} \lambda_i^2 c_i^2 - \lambda_1 \sum_{i=1}^{n} \lambda_i c_i^2 \right\} \left\{ \left(\sum_{j=1}^{n} \lambda_j^2 c_j^2 \right) \left(\sum_{k=1}^{n} c_k^2 \right) - \left(\sum_{j=1}^{n} \lambda_j c_j^2 \right)^2 \right\} \end{aligned}\right\} \tag{128}$$

Sind nun die $c_1, c_2, \ldots, c_n$ die Entwicklungskoeffizienten einer Funktion $\mathfrak{v}[\mathfrak{r}]$ aus $\mathfrak{D}''$, so konvergieren in Gl. (128) beim Grenzübergang $n \to \infty$ alle Summen gegen die in Gl. (58) angegebenen Werte, und wir erhalten:

$$0 \leq (D - \lambda_1 H)\,(D'' D - D'^2) - \lambda_1 (D' - \lambda_1 D)\,(D' H - D^2)\,, \tag{129}$$

oder, wenn wir durch HD^2 dividieren und die Ausdrücke für L, L' und L'' nach Gl. (60), (82) und (87) einsetzen:

$$\left.\begin{aligned} & 0 \leq (L' - L)\,\lambda_1^2 - L'\,(L'' - L)\,\lambda_1 + LL'\,(L'' - L') \\ \text{mit}\quad & L = L[\mathfrak{v}],\ L' = L'[\mathfrak{v}],\ L'' = L''[\mathfrak{v}];\ \mathfrak{v} \in \mathfrak{D}''. \end{aligned}\right\} \tag{130}$$

Zur Diskussion dieser Ungleichung führen wir die Funktion

$$y[x] = (L' - L)\, x^2 - L'\,(L'' - L)\, x + LL'\,(L'' - L') \tag{131}$$

ein und *setzen voraus, daß — an Stelle von Gl.* (88) — $L'' > L' > L$ [1].

Berechnen wir nun drei Punkte der Parabel $y[x]$:

$$\left.\begin{aligned} y[0] &= LL'\,(L'' - L') > 0 \\ y[L] &= -L\,(L' - L)^2 < 0 \\ y\left[L' \frac{L'' - L}{L' - L}\right] &= LL'\,(L'' - L') > 0\,, \end{aligned}\right\} \tag{132}$$

[1] Wäre $L' = L$, so müßte nach Gl. (120) L gerade ein Eigenwert sein, und dasselbe beweist man ganz analog für $L'' = L'$.

so sehen wir, daß die Wurzeln von Gl. (131) reell sind und beiderseits von L liegen; da aber $\lambda_1 \leq L$ und $y[\lambda_1] \geq 0$, muß λ_1 offenbar kleiner sein, als die kleinere der beiden Wurzeln:

$$\left.\begin{array}{l}\lambda_1 \leq \dfrac{L'(L''-L) - \sqrt{L'^2(L''-L)^2 - 4LL'(L'-L)(L''-L')}}{2(L'-L)} \\ \text{wenn } L' > L,\ L = L[\mathfrak{v}],\ L' = L'[\mathfrak{v}],\ L'' = L''[\mathfrak{v}] \text{ und } \mathfrak{v} \in \mathfrak{D}''.\end{array}\right\} \quad (133)$$

Benutzt man *diese obere Schranke für λ_1, die nach Gl.* (132) *immer tiefer liegt als* $L[\mathfrak{v}]$, zur Berechnung einer *oberen Schranke für* λ_2 nach Gl. (116), so erhält man hierfür nach einiger Rechnung gerade die größere Wurzel von Gl. (131), also

$$\left.\begin{array}{l}\lambda_2 \leq \dfrac{L'(L''-L) + \sqrt{L'^2(L''-L)^2 - 4LL'(L'-L)(L''-L')}}{2(L'-L)} \\ \text{wenn } L' > L,\ L = L[\mathfrak{v}],\ L' = L'[\mathfrak{v}],\ L'' = L''[\mathfrak{v}] \text{ und } \mathfrak{v} \in \mathfrak{D}''.\end{array}\right\} \quad (134)$$

Aus Gl. (131), (133) und (134) folgen nach einem bekannten Satze über quadratische Gleichungen sofort die TEMPLEschen Ungleichungen [20]:

$$\lambda_1 + \lambda_2 \leq L' \frac{L''-L}{L'-L}; \qquad \lambda_1 \lambda_2 \leq LL' \frac{L''-L'}{L'-L}. \quad (135)$$

Dagegen kann man nicht etwa aus diesen beiden Ungleichungen auf Gl. (133) und (134) schließen.

Führt man in Gl. (131) als neue Variable $x - L$ ein, so erhält man für die beiden oberen Schranken an Stelle von Gl. (133) und (134):

$$\left.\begin{array}{l}\lambda_1 \\ \lambda_2\end{array}\right\} \leq L + \frac{L'L'' + 2L^2 - 3LL' \mp \sqrt{(L'L'' + 2L^2 - 3LL')^2 + 4L(L'-L)^3}}{2(L'-L)}. \quad (136)$$

Ist $\mathfrak{v}[\mathfrak{r}]$ eine gute Näherung für die erste Eigenfunktion, so werden die Differenzen zwischen L'', L' und L sehr klein, und es ist deshalb *für die numerische Rechnung viel bequemer, die folgende Reihenentwicklung zu benützen: Wir setzen voraus, daß*

$$L'L'' - 3LL' + 2L^2 \equiv L'(L''-L) - 2L(L'-L) > 0, \quad (137)$$

was bei nicht zu schlechten Näherungen stets der Fall sein wird, und führen die Abkürzung

$$\varepsilon = \frac{L(L'-L)^3}{(L'L'' + 2L^2 - 3LL')^2} \quad (138)$$

ein, mit der sich Gl. (136) in der Form

$$\left.\begin{array}{l}\lambda_1 \\ \lambda_2\end{array}\right\} \leq L\left\{1 + \sqrt{\frac{L'-L}{4\varepsilon L}}\left(1 \mp \sqrt{1+4\varepsilon}\right)\right\} \quad (139)$$

schreiben läßt. Im allgemeinen ist ε klein (z. B. wird für $\mathfrak{v} = \mathfrak{f}_1 + \alpha \mathfrak{f}_2$ in erster Näherung $\varepsilon = \alpha^2$), so daß wir die zweite Wurzel nach steigenden Potenzen von ε entwickeln können. Dann erhalten wir:

$$\lambda_1 \leq L\left\{1 - \sqrt{\varepsilon \frac{L'-L}{L}}\left(1 - \varepsilon + 2\varepsilon^2 - 5\varepsilon^3 + 14\varepsilon^4 - \cdots\right)\right\} \quad (140)$$

und

$$\lambda_2 \leq L\left\{1+\sqrt{\frac{L'-L}{\varepsilon L}}\,(1+\varepsilon-\varepsilon^2+2\varepsilon^3-5\varepsilon^4+\cdots)\right\} \tag{141}$$

wenn $L'>L,\ L=L[\mathfrak{v}],\ L'=L'[\mathfrak{v}],\ L''=L''[\mathfrak{v}]$ und $\mathfrak{v}\in\mathfrak{D}''$.

III. Störungsrechnung.

10. Problemstellung und Bezeichnungen.

Die Methoden der Störungsrechnung können zur genäherten Berechnung solcher Eigenwertprobleme benutzt werden, die sich physikalisch nur wenig von einem mathematisch einfacheren unterscheiden. Dazu konstruiert man durch Vermittlung eines Parameters α einen stetigen Übergang vom mathematisch einfacheren „ungestörten" Problem ($\alpha=0$) zum vorliegenden „gestörten" (für das man z. B. $\alpha=1$ setzt) und sucht dann, vom ungestörten Problem ausgehend, die Eigenwerte entweder in Schranken einzuschließen, die allerdings meist ziemlich grob werden, oder nach dem Störungsparameter α in eine Reihe zu entwickeln, deren erste Glieder relativ einfach zu berechnen sind. Es ist natürlich günstig, wenn das ungestörte Problem exakt gelöst werden kann, doch ist dies nicht für alle im folgenden beschriebenen Verfahren notwendig.

Wir wollen uns hier vor allem mit dem Fall befassen, daß *bei konstantem Grundgebiet* die Dichte und die Elastizitätskonstanten vom Parameter α entweder in linearer Weise abhängen:

$$\varrho[\mathfrak{r},\alpha]=\varrho^{(0)}[\mathfrak{r}]+\alpha\varrho^{(1)}[\mathfrak{r}]; \qquad c_{ik}[\mathfrak{r},\alpha]=c_{ik}^{(0)}[\mathfrak{r}]+\alpha c_{ik}^{(1)}[\mathfrak{r}] \tag{142}$$

oder in Reihen entwickelt werden können:

$$\varrho[\mathfrak{r},\alpha]=\sum_{\nu=0}^{\infty}\alpha^\nu\varrho^{(\nu)}[\mathfrak{r}]; \qquad c_{ik}[\mathfrak{r},\alpha]=\sum_{\nu=0}^{\infty}\alpha^\nu c_{ik}^{(\nu)}[\mathfrak{r}], \tag{143}$$

die im ganzen Grundgebiet und für alle in Frage kommenden α gleichmäßig konvergieren. — Wir bezeichnen also immer die zum ungestörten System gehörenden Größen mit dem oberen Index (o) und verwenden ferner — analog zu Gl. (16) — die Abkürzungen:

$$\left.\begin{aligned} H^{(\nu)}[\mathfrak{v},\mathfrak{w}] &= \int \varrho^{(\nu)}\,\mathfrak{v}\,\mathfrak{w}\,dS \\ D^{(\nu)}[\mathfrak{v},\mathfrak{w}] &= \int (\nabla,\mathfrak{v})\,C^{(\nu)}\,(\nabla,\mathfrak{w})\,dS \end{aligned}\right\}\ \nu=0,1,2,\ldots \tag{144}$$

Es ist für das Folgende wesentlich, daß die Funktionenräume $\mathfrak{H}$ und $\mathfrak{D}$ von α unabhängig sind. Damit dies auch bei freien Rändern der Fall ist, lassen wir die Orthogonalitätsbedingungen Gl. (51) *fallen, sofern diese durch die Störung der Dichteverteilung verändert würden.* Wir verlangen also für $\mathfrak{v}\in\mathfrak{D}$ nur noch die stückweise Stetigkeit der Ableitungen, so daß die (orthogonalisierten und normierten) e-Funktionen die sechs ersten Eigenfunktionen darstellen und λ_7 der erste positive Eigenwert ist.

Über *Störungsrechnung bei Gebietsveränderungen* ist bisher erst sehr wenig geschrieben worden. Auch wir müssen uns im Rahmen dieser Darstellung auf einige wenige Angaben und im wesentlichen auf die erste Näherung beschränken, da der Fall von Gebietsveränderungen mathematisch ungleich komplizierter ist, als der einer Änderung von ϱ und C.

11. Schranken für die Eigenwerte.

Die Formeln dieses Paragraphen ergeben meist nur grobe Schranken für die Eigenwerte des gestörten Systems, können aber auch dann angewandt werden, wenn das ungestörte System nicht exakt lösbar ist, s. Gl. (161).

Als ersten Hilfssatz beweisen wir die *Maximum-Minimum-Eigenschaft der Eigenwerte*: Ist $Q[\mathfrak{v}, \mathfrak{v}]$ ein homogen-quadratischer Integralausdruck (wie z. B. $H[\mathfrak{v}, \mathfrak{v}]$ oder $D[\mathfrak{v}, \mathfrak{v}]$), der für $i-1$ gegebene Funktionen $\mathfrak{v}_k$ und für alle Funktionen $\mathfrak{v} \in \mathfrak{D}$ definiert ist, *so ist λ_i unter allen Minima von $L[\mathfrak{v}]$ mit $\mathfrak{v} \in \mathfrak{D}$ und den $i-1$ „linearen Bindungen"*

$$Q[\mathfrak{v}, \mathfrak{v}_k] = 0\,, \qquad k = 1, 2, \ldots, i-1 \tag{145}$$

das größte (vgl. CH 351). — *Beweis*: Setzen wir zur Abkürzung

$$Q[\mathfrak{v}_k, \mathfrak{f}_j] = x_{kj}\,, \qquad k = 1, 2, \ldots, i-1\,, \tag{146}$$

so gibt es sicher i Zahlen $x_1, x_2, \ldots, x_i$, so daß für alle k

$$\sum_{j=1}^{i} x_{kj} x_j = 0\,, \qquad k = 1, 2, \ldots, i-1; \tag{147}$$

denn ein homogenes System von $i-1$ linearen Gleichungen mit i Unbekannten hat immer mindestens eine von Null verschiedene Lösung. Setzen wir nun

$$\mathfrak{v} = \sum_{j=1}^{i} x_j \mathfrak{f}_j\,, \tag{148}$$

so sind, da $Q[\mathfrak{v}, \mathfrak{w}]$ nach Voraussetzung in beiden Argumenten linear ist, die Orthogonalitätsbedingungen Gl. (145) sicher erfüllt. Andererseits ist nach Gl. (49)

$$L[\mathfrak{v}] = \sum_{j=1}^{i} \lambda_j x_j^2 \Big(\sum_{j=1}^{i} x_j^2\Big)^{-1} \leq \lambda_i \tag{149}$$

also a fortiori:

$$\mathrm{Min}\,(L[\mathfrak{v}]) \leq \lambda_i\,. \tag{150}$$

Ist aber z. B. $Q = H$ und $\mathfrak{v}_k = \mathfrak{f}_k$, so folgt aus Gl. (145) und dem ersten Lehrsatz des 4. Paragraphen direkt:

$$\mathrm{Min}\,(L[\mathfrak{v}]) = L[\mathfrak{f}_i] = \lambda_i\,, \tag{151}$$

womit die Maximum-Minimum-Eigenschaft der Eigenwerte bewiesen ist.

Als *zweiten Hilfssatz* wollen wir folgendes beweisen: Sind in demselben Gebiet G zwei Dichteverteilungen $\varrho^{(0)}[\mathfrak{r}]$ und $\varrho[\mathfrak{r}]$ und zwei Elastizitätskonstanten-Bitensoren $C^{(0)}[\mathfrak{r}]$ und $C[\mathfrak{r}]$ gegeben und so beschaffen, *daß für jede Funktion $\mathfrak{v}$ mit stückweise stetigen ersten Ableitungen*

$$L^{(0)}[\mathfrak{v}] = \frac{D^{(0)}[\mathfrak{v}, \mathfrak{v}]}{H^{(0)}[\mathfrak{v}, \mathfrak{v}]} \leq \frac{D[\mathfrak{v}, \mathfrak{v}]}{H[\mathfrak{v}, \mathfrak{v}]} = L[\mathfrak{v}], \tag{152}$$

so gilt auch für die Eigenwerte:

$$\lambda_i^{(0)} = L^{(0)}[\mathfrak{f}_i^{(0)}] \leq L[\mathfrak{f}_i] = \lambda_i\,, \tag{153}$$

obwohl ja die entsprechenden Eigenfunktionen im allgemeinen verschieden sein werden ($\mathfrak{f}_i^{(0)} \neq \mathfrak{f}_i$).

Beweis: Aus dem Maximum-Minimum-Prinzip folgt, daß es für jedes positive i eine stückweis-stetig differenzierbare Funktion $\mathfrak{v}_i$ geben muß, für welche $H^{(0)}[\mathfrak{v}_i, \mathfrak{f}_k^{(0)}] = 0$ ($k = 1, 2, \ldots, i-1$) und $L[\mathfrak{v}_i] \leq \lambda_i$ ist; nach § 4, Satz 1, angewandt auf das (o)-System, ist dann aber $L^{(0)}[\mathfrak{v}_i] \geq \lambda_i^{(0)}$ und nach Gl. (152) $L^{(0)}[\mathfrak{v}_i] \leq L[\mathfrak{v}_i]$. Aus den letzten drei Ungleichungen ergibt sich die Behauptung Gl. (153). (Bei freien Rändern muß gemäß unserm Maximum-Minimum-Prinzip der sechsfache Eigenwert Null mitgezählt werden.)

Mit Hilfe dieses Satzes ist es nun leicht, für den Fall der Gl. (142) *die Eigenwerte für alle* α *in Schranken einzuschließen*[1]. Wir multiplizieren zu diesem Zweck $\varrho^{(0)}$ und $C^{(0)}$ mit Zahlen $(1 + \alpha q_{min})$ bzw. $(1 + \alpha p_{max})$, die so gewählt sind, daß für jedes $\mathfrak{v}$ und jedes α

$$\left.\begin{aligned} (1+\alpha q_{min}) \cdot D^{(0)}[\mathfrak{v}, \mathfrak{v}] &\leq D[\mathfrak{v}, \mathfrak{v}] \\ \text{und} \qquad (1+\alpha p_{max}) \cdot H^{(0)}[\mathfrak{v}, \mathfrak{v}] &\geq H[\mathfrak{v}, \mathfrak{v}]; \end{aligned}\right\} \tag{154}$$

dann erhalten wir auf Grund unseres zweiten Hilfssatzes in

$$\lambda_i[\alpha] \geq \frac{1 + \alpha q_{min}}{1 + \alpha p_{max}} \cdot \lambda_i^{(0)} \tag{155}$$

eine *untere Schranke für den i-ten Eigenwert*[2]. Die Ungleichungen (154) sind sicher dann erfüllt, wenn für jeden Punkt des Grundgebietes und für beliebige reelle Zahlen $x_1, x_2, \ldots, x_6$ immer

$$q_{min} \sum_{i,k=1}^{6} c_{ik}^{(0)} x_i x_k \leq \sum_{i,k=1}^{6} c_{ik}^{(1)} x_i x_k \quad \text{und} \quad p_{max}\, \varrho^{(0)} \geq \varrho^{(1)} . \tag{156}$$

Bezeichnen wir mit q_1 *die kleinste Wurzel der Säkulargleichung*

$$\det[c_{ik}^{(1)} - q\, c_{ik}^{(0)}] = 0, \qquad i, k = 1, 2, 3, 4, 5, 6, \tag{157}$$

(die natürlich ihrerseits eine Funktion des Ortes ist), *so müssen wir also*

$$q_{min} = \operatorname{Min}(q_1[\mathfrak{x}]) \quad \text{und} \quad p_{max} = \operatorname{Max}\left(\frac{\varrho^{(1)}[\mathfrak{x}]}{\varrho^{(0)}[\mathfrak{x}]}\right) \tag{158}$$

setzen, damit Gl. (155) *für alle i gültig ist.*

Ganz analog zu Gl. (155) bis (158) kann man auch eine *obere Schranke* angeben:

$$\lambda_i[\alpha] \leq \frac{1 + \alpha q_{max}}{1 + \alpha p_{min}} \lambda_i^{(0)} \tag{159}$$

mit

$$q_{max} = \operatorname{Max}(q_6[\mathfrak{x}]) \quad \text{und} \quad p_{min} = \operatorname{Min}\left(\frac{\varrho^{(1)}[\mathfrak{x}]}{\varrho^{(0)}[\mathfrak{x}]}\right). \tag{160}$$

---

[1] Genauer: für alle α, für welche ϱ positiv und $\|c_{ik}\|$ positiv definit ist. Vgl. auch CH 338.

[2] Vgl. hiermit auch die von Temple [20] angegebenen unteren Schranken für den ersten Eigenwert (Vorsicht bei freien Rändern!), welche auf ähnliche Weise bewiesen werden können wie Gl. (155), aber meist auch sehr grob sein werden, sowie den „Vergleichungssatz" von Collatz (CE 134), der ein Spezialfall von (154) ist.

wobei q_6 die größte Wurzel von Gl. (157) bezeichnen soll. Durch direkte Anwendung des RITZschen Verfahrens auf das gestörte System wird man aber meist mit erträglichem Aufwand bessere obere Schranken berechnen können. *Wichtiger ist daher die untere Schranke nach Gl.* (155), *da wir, im Gegensatz zu den im 8. Paragraphen beschriebenen Verfahren, zu ihrer Berechnung keine untere Schranke für den nächsthöheren Eigenwert benötigen. — Die beiden Verfahren lassen sich aber kombinieren: Will man z. B.* λ_1 *nach unten abschätzen und gelingt es, mit Hilfe von Gl.* (155) *bis* (158) *für einen höheren Eigenwert — z. B. den dritten — eine nicht zu schlechte untere Schranke anzugeben, so kann man dann nach Gl.* (112) *aus* l_3 *ein* l_2 *und aus diesem das gesuchte* l_1 *berechnen.*

Die Ungleichungen (155) *und* (159) *sind übrigens auch dann anwendbar, wenn man für* $\lambda_i^{(0)}$ *nur obere und untere Schranken kennt, nicht aber den exakten Wert.* Ist nämlich $l_i^{(0)} \leq \lambda_i^{(0)} \leq L_i^{(0)}$, so folgt aus Gl. (155) und (159)

$$\frac{1+\alpha q_{min}}{1+\alpha p_{max}} l_i^{(0)} \leq \lambda_i[\alpha] \leq \frac{1+\alpha q_{max}}{1+\alpha p_{min}} L_i^{(0)} \tag{161}$$

12. Erste Näherung für die Eigenwerte.

Im Interesse einer einfachen und übersichtlichen Darstellung wollen wir für das Folgende annehmen, daß in den durch die Gl. (142) und (143) charakterisierten Fällen auch die Eigenwerte und Eigenfunktionen (mit gewissen Einschränkungen für mehrfache Eigenwerte) in konvergente Reihen entwickelt werden können [1]:

$$\mathfrak{f}_i[\mathfrak{r}, \alpha] = \sum_{\nu=0}^{\infty} \alpha^\nu \mathfrak{f}_i^{(\nu)}[\mathfrak{r}] = \mathfrak{f}_i^{(0)} + \alpha \mathfrak{f}_i^{(1)} + \alpha^2 \mathfrak{f}_i^{(2)} + \dots \tag{162}$$

$$\lambda_i[\alpha] = \sum_{\nu=0}^{\infty} \alpha^\nu \lambda_i^{(\nu)} = \lambda_i^{(0)} + \alpha \lambda_i^{(1)} + \alpha^2 \lambda_i^{(2)} + \dots {}^{2} \tag{163}$$

Zur Berechnung der Entwicklungskoeffizienten gehen wir wiederum vom Variationsprinzip aus: Zunächst ist nach Gl. (39) bis (41)

$$\frac{d}{d\varepsilon} L[\mathfrak{f}_i + \varepsilon \mathfrak{u}] = 0, \tag{164}$$

wenn $\mathfrak{f}_i$ eine Eigenfunktion ist und $\mathfrak{u}$ eine beliebige Funktion aus dem Funktionenraum $\mathfrak{D}$. Entwickeln wir also $L[\mathfrak{f}_i + \varepsilon \mathfrak{u}]$ nach Potenzen von ε, so fehlt das lineare Glied und es bleibt:

$$L[\mathfrak{f}_i + \varepsilon \mathfrak{u}] = L[\mathfrak{f}_i] + \varepsilon^2 \dots = \lambda_i + \varepsilon^2 \dots \tag{165}$$

[1] Einen Beweis hierfür habe ich allerdings nicht finden können; dagegen wird in einer an anderer Stelle erscheinenden Arbeit des Vf. [12] gezeigt, daß es jedenfalls sinnvoll ist, die Eigenwerte durch abbrechende Reihen zu approximieren; denn es gibt zu jedem λ_i zwei positive Zahlen α_i und M_i und genau eine Zahl $\lambda_i^{(1)}$, die durch Gl. (168) gegeben ist (bzw. genau $p+1$ Zahlen $\lambda_i^{(1)}$ $\lambda_{i+1}^{(1)}, \dots, \lambda_{i+p}^{(1)}$, die durch Gl. (174) gegeben sind im Falle mehrfacher Eigenwerte), so daß $|\lambda_i[\alpha] - \lambda_i^{(0)} - \alpha\lambda_i^{(1)}| < \frac{2}{\alpha} M_i$ für $|\alpha| < \alpha_i$. Analoges läßt sich für höhere Näherungen beweisen.

Wegen Gl. (162) ergibt sich daher insbesondere:

$$L[\mathfrak{f}_i^{(0)}] = L[\mathfrak{f}_i - \alpha\,\mathfrak{f}_i^{(1)} - \alpha^2\,\mathfrak{f}_i^{(2)}\ldots] = \lambda_i + \alpha^2 \ldots \tag{166}$$

oder in Worten: *In erster Näherung stimmen die gestörten Eigenwerte mit den (gestörten) L-Werten der ungestörten Eigenfunktionen überein*[1]. Entwickeln wir beide Seiten von Gl. (166) nach Potenzen von α:

$$\left.\begin{aligned} L[\mathfrak{f}_i^{(0)}] &= \frac{D^{(0)}[\mathfrak{f}_i^{(0)},\mathfrak{f}_i^{(0)}] + \alpha D^{(1)}[\mathfrak{f}_i^{(0)},\mathfrak{f}_i^{(0)}] + \alpha^2\ldots}{H^{(0)}[\mathfrak{f}_i^{(0)},\mathfrak{f}_i^{(0)}] + \alpha H^{(1)}[\mathfrak{f}_i^{(0)},\mathfrak{f}_i^{(0)}] + \alpha^2\ldots} \\ &= D^{(0)}[\mathfrak{f}_i^{(0)},\mathfrak{f}_i^{(0)}] + \frac{D^{(1)}[\mathfrak{f}_i^{(0)},\mathfrak{f}_i^{(0)}] - \lambda_i^{(0)} H^{(1)}[\mathfrak{f}_i^{(0)},\mathfrak{f}_i^{(0)}]}{H^{(0)}[\mathfrak{f}_i^{(0)},\mathfrak{f}_i^{(0)}]} + \alpha^2\ldots \\ &= \lambda_i^{(0)} + \alpha\lambda_i^{(1)} + \alpha^2\ldots. \end{aligned}\right\} \tag{167}$$

so ergibt sich durch Koeffizientenvergleichung:

$$\lambda_i^{(1)} = \frac{D^{(1)}[\mathfrak{f}_i^{(0)},\mathfrak{f}_i^{(0)}] - \lambda_i^{(0)} H^{(1)}[\mathfrak{f}_i^{(0)},\mathfrak{f}_i^{(0)}]}{H^{(0)}[\mathfrak{f}_i^{(0)},\mathfrak{f}_i^{(0)}]} \tag{168}$$

und *für normierte Eigenfunktionen* einfach:

$$\lambda_i^{(1)} = D^{(1)}[\mathfrak{f}_i^{(0)},\mathfrak{f}_i^{(0)}] - \lambda_i^{(0)} H^{(1)}[\mathfrak{f}_i^{(0)}.\mathfrak{f}_i^{(0)}]\,. \tag{169}$$

Etwas komplizierter wird die Berechnung von $\lambda_i^{(1)}$, *wenn der entsprechende Eigenwert des ungestörten Systems entartet ist*, wenn also

$$(\lambda_{i-1}^{(0)} <)\,\lambda_i^{(0)} = \lambda_{i+1}^{(0)} = \ldots = \lambda_{i+p}^{(0)} < \lambda_{i+p+1}^{(0)}\,,\quad p > 0\,. \tag{170}$$

Da in diesem Falle die zugehörigen ungestörten Eigenfunktionen nicht eindeutig bestimmt sind, werden im allgemeinen die entsprechenden gestörten Eigenfunktionen im limes $\alpha \to 0$ nicht gerade in die (zufällig gewählten) $\mathfrak{f}_l^{(0)}(l = i, i+1, \ldots, i+p)$ übergehen, sondern in irgendwelche Linearkombinationen dieser Funktionen:

$$\lim_{\alpha\to 0} \mathfrak{f}_k[\mathfrak{r},\alpha] = \mathfrak{g}_k[\mathfrak{r}] = \sum_{l=i}^{i+p} y_{kl}\,\mathfrak{f}_l^{(0)}[\mathfrak{r}]\,, \tag{171}$$

die wir an Stelle der $\mathfrak{f}_l^{(0)}$ in Gl. (162) einzusetzen haben, damit die gestörten Eigenfunktionen in nullter Näherung mit den ungestörten übereinstimmen. Am einfachsten berechnet man die y_{kl} und insbesondere die $\lambda_k^{(1)}$ $(k = i, i+1, \ldots, i+p)$ auf Grund folgender Überlegung: Die Eigenwerte sind die stationären Werte von $L[\mathfrak{v}]$ für alle Funktionen $\mathfrak{v} \in \mathfrak{D}$; wir müssen also die y_{kl} so wählen, daß der L-Wert von $\sum y_{kl} f_l^{(0)} + \alpha\,\mathfrak{f}_k^{(1)} + \alpha^2\ldots$ für alle α stationär wird. Nun haben die y_{kl} wegen Gl. (170) keinen Einfluß auf die nullte Näherung des L-Wertes, sondern nur auf die erste; andrerseits hat das Glied $\alpha\,\mathfrak{f}_k^{(1)}$, wie man leicht nachrechnet, wegen Gl. (42) keinen Einfluß auf die erste, sondern erst auf höhere Näherungen. Damit nun L insbesondere auch für sehr kleine α, wo die zweite Näherung schon

[1] Für mehrfache Eigenwerte des ungestörten Systems vgl. den Schluß dieses Paragraphen.

zu vernachlässigen ist, stationär wird, *müssen die y_{kl} so gewählt werden, daß die rechte Seite von Gl.* (168) *für alle nach Gl.* (171) *gebildeten Funktionen stationär wird.* Wir müssen also wieder, wie beim RITZschen Verfahren, den Quotienten zweier homogen-quadratischer Ausdrücke (mit positiv-definitem Nenner) zum Extremum machen. Mit den Abkürzungen

$$q_{lm}^{(1)} = D^{(1)}\left[\mathfrak{f}_l^{(0)}, \mathfrak{f}_m^{(0)}\right] - \lambda_i^{(0)} H^{(1)}\left[\mathfrak{f}_l^{(0)}, \mathfrak{f}_m^{(0)}\right] \tag{172}$$

und

$$h_{lm} = H^{(0)}\left[\mathfrak{f}_l^{(0)}, \mathfrak{f}_m^{(0)}\right]\ ^1 \tag{173}$$

erhalten wir also die gesuchten $\lambda_k^{(1)}$ aus der Säkulargleichung:

$$\det\left[q_{lm}^{(1)} - \lambda^{(1)} h_{lm}\right] = 0\,, \qquad l, m = i, i+1, \ldots, i+p \tag{174}$$

während die y_{lk} und damit die „Lösungsfunktionen“ $\mathfrak{g}_k[\mathfrak{r}]$, für welche die Gleichungen (167) bis (169) direkt gültig wären, analog zu Gl. (64) und (67) aus dem Gleichungssystem

$$\sum_{l=i}^{i+p} \left(q_{lm}^{(1)} - \lambda_k^{(1)} h_{lm}\right) y_{lk} = 0\,, \quad k = i, i+1, \ldots, i+p \tag{175}$$

berechnet werden können. Die $\mathfrak{g}_k$ sind zueinander orthogonal (für mehrfache Wurzeln von Gl. (174) können sie orthogonalisiert werden) und können normiert werden; dann ergibt sich analog zu Gl. (72):

$$\left.\begin{aligned} H^{(0)}[\mathfrak{g}_k, \mathfrak{g}_l] &= \delta_{kl}; \; D^{(0)}[\mathfrak{g}_k\, \mathfrak{g}_l] = \lambda_i^{(0)} \delta_{kl} \\ D^{(1)}[\mathfrak{g}_k, \mathfrak{g}_l] - \lambda_i^{(0)} H^{(1)}[\mathfrak{g}_k, \mathfrak{g}_l] &= \lambda_k^{(1)} \delta_{kl} \end{aligned}\right\} k, l = i, i+l, \ldots, i+p \tag{176}$$

13. Zweite und dritte Näherung für die Eigenwerte.

Kennt man außer $\mathfrak{f}_i^{(0)}$ auch alle tieferen ungestörten Eigenfunktionen $\mathfrak{f}_1^{(0)}, \mathfrak{f}_2^{(0)}, \ldots, \mathfrak{f}_{i-1}^{(0)}$, so kann $\lambda_i^{(2)}$ in Schranken eingeschlossen werden (Gl. (182), (189) und (195)); *kennt man dagegen sämtliche Eigenfunktionen des ungestörten Systems, so kann man $\lambda_i^{(2)}$ exakt berechnen* (Gl. (182) und (188)). *Gelingt endlich die Berechnung von $\mathfrak{f}_i^{(1)}$, also der ersten Näherung für die betreffende Eigenfunktion* [2], *so erhält man nach Gl.* (178) *oder* (181) *sogar die dritte Näherung für den gestörten Eigenwert.* — Das wollen wir nun (in umgekehrter Reihenfolge) beweisen [3]:

Zunächst ist nach Gl. (162) und (165) — mit $\varepsilon = \alpha^2$ —

$$L\left[\mathfrak{f}_i^{(0)} + \alpha\, \mathfrak{f}_i^{(1)}\right] = L\left[\mathfrak{f}_i - \alpha^2 \mathfrak{f}_i^{(2)} - \alpha^3 \ldots\right] = \lambda_i + \alpha^4 \ldots, \tag{177}$$

[1] Nach Gl. (49) wäre $h_{lm} = \delta_{lm}$; für die Anwendungen ist es aber nicht notwendig, diese Normierung vorzunehmen.

[2] Kennt man sämtliche ungestörten Eigenfunktionen, so kann man im allgemeinen auch $\mathfrak{f}_i^{(1)}$ berechnen (s. Gl. (187)).

[3] Für mehrfache Eigenwerte des ungestörten Systems vgl. den Schluß dieses Paragraphen.

also in zweiter und dritter Näherung:

$$\lambda_i[\alpha] \approx L[\mathfrak{f}_i^{(0)} + \alpha\, \mathfrak{f}_i^{(1)}]\,, \tag{178}$$

womit der dritte Teil der Behauptung schon bewiesen ist. — Will man $\lambda_i^{(2)}$ und $\lambda_i^{(3)}$ explizit berechnen, so muß man, ähnlich wie in Gl. (167), $L[\mathfrak{f}_i^{(0)} + \alpha\, \mathfrak{f}_i^{(1)}]$ bis zu den Gliedern dritter Ordnung nach Potenzen von α entwickeln. Dann erhält man durch Koeffizientenvergleichung unter wiederholter Benutzung von Gl. (169) und der zu Gl. (42) analogen Gleichung:

$$D^{(0)}[\mathfrak{f}_i^{(0)}\mathfrak{u}] - \lambda_i^{(0)} H^{(0)}[\mathfrak{f}_i^{(0)}\mathfrak{u}] = 0 \quad \text{für alle } \mathfrak{u} \in \vartheta \tag{179}$$

nach einiger Rechnung (*für normierte Eigenfunktionen*):

$$\lambda_i^{(2)} = \left\{\begin{aligned} & D^{(2)}[\mathfrak{f}_i^{(0)}, \mathfrak{f}_i^{(0)}] - \lambda_i^{(0)} H^{(2)}[\mathfrak{f}_i^{(0)}, \mathfrak{f}_i^{(0)}] - \lambda_i^{(1)} H^{(1)}[\mathfrak{f}_i^{(0)}, \mathfrak{f}_i^{(0)}] \\ & + 2\left(D^{(1)}[\mathfrak{f}_i^{(0)}, \mathfrak{f}_i^{(1)}] - \lambda_i^{(0)} H^{(1)}[\mathfrak{f}_i^{(0)}, \mathfrak{f}_i^{(1)}] - \lambda_i^{(1)} H^{(0)}[\mathfrak{f}_i^{(0)}, \mathfrak{f}_i^{(1)}]\right) \\ & + D^{(0)}[\mathfrak{f}_i^{(1)}, \mathfrak{f}_i^{(1)}] - \lambda_i^{(0)} H^{(0)}[\mathfrak{f}_i^{(1)}, \mathfrak{f}_i^{(1)}] \end{aligned}\right\} \tag{180}$$

und

$$\lambda_i^{(3)} = \left\{\begin{aligned} & D^{(3)}[\mathfrak{f}_i^{(0)}, \mathfrak{f}_i^{(0)}] - \lambda_i^{(0)} H^{(3)}[\mathfrak{f}_i^{(0)}, \mathfrak{f}_i^{(0)}] - \lambda_i^{(1)} H^{(2)}[\mathfrak{f}_i^{(0)}, \mathfrak{f}_i^{(0)}] \\ & \qquad - \lambda_i^{(2)} H^{(1)}[\mathfrak{f}_i^{(0)}, \mathfrak{f}_i^{(0)}] \\ & + 2\left(D^{(2)}[\mathfrak{f}_i^{(0)}, \mathfrak{f}_i^{(1)}] - \lambda_i^{(0)} H^{(2)}[\mathfrak{f}_i^{(0)}, \mathfrak{f}_i^{(1)}] - \lambda_i^{(1)} H^{(1)}[\mathfrak{f}_i^{(0)}, \mathfrak{f}_i^{(1)}] \right. \\ & \qquad \left. - \lambda_i^{(2)} H^{(0)}[\mathfrak{f}_i^{(0)}, \mathfrak{f}_i^{(1)}]\right) \\ & + D^{(1)}[\mathfrak{f}_i^{(1)}, \mathfrak{f}_i^{(1)}] - \lambda_i^{(0)} H^{(1)}[\mathfrak{f}_i^{(1)}, \mathfrak{f}_i^{(1)}] - \lambda_i^{(1)} H^{(0)}[\mathfrak{f}_i^{(1)}, \mathfrak{f}_i^{(1)}]\,. \end{aligned}\right\} \tag{181}$$

Entwickelt man auch $L[\mathfrak{f}_i^{(0)}]$ bis zum α^2-Glied, so zeigt ein Vergleich mit Gl. (180), daß *in zweiter Näherung* gilt:

$$\lambda_i[\alpha] \approx L[\mathfrak{f}_i^{(0)}] + \alpha^2 K_i[\mathfrak{f}_i^{(1)}]\,, \tag{182}$$

wobei das gegenüber der ersten Näherung Gl. (166) hinzugetretene *Korrekturglied* K_i durch

$$K_i[\mathfrak{f}_i^{(1)}] = \left.\begin{aligned} & 2\left(D^{(1)}[\mathfrak{f}_i^{(0)}, \mathfrak{f}_i^{(1)}] - \lambda_i^{(0)} H^{(1)}[\mathfrak{f}_i^{(0)}, \mathfrak{f}_i^{(1)}] - \lambda_i^{(1)} H^{(0)}[\mathfrak{f}_i^{(0)}, \mathfrak{f}_i^{(1)}]\right) \\ & + D^{(0)}[\mathfrak{f}_i^{(1)}, \mathfrak{f}_i^{(1)}] - \lambda_i^{(0)} H^{(0)}[\mathfrak{f}_i^{(1)}, \mathfrak{f}_i^{(1)}] \end{aligned}\right\} \tag{183}$$

gegeben ist.

Die Funktion $\mathfrak{f}_i^{(1)}[\mathfrak{r}]$ können wir nun wieder aus dem Variationsprinzip bestimmen: Für das richtige $\mathfrak{f}_i^{(1)}$ muß $L[\mathfrak{f}_i^{(0)} + \alpha\mathfrak{f}_i^{(1)} + \alpha^2 \ldots]$, oder, wie Gl. (182) (im limes $\alpha \to 0$) zeigt, der Korrekturterm K_i stationär werden. Es ist also für jede Funktion $\mathfrak{u} \in \mathfrak{D}$:

$$\left.\begin{aligned} & D^{(1)}[\mathfrak{f}_i^{(0)}, \mathfrak{u}] - \lambda_i^{(0)} H^{(1)}[\mathfrak{f}_i^{(0)}, \mathfrak{u}] - \lambda_i^{(1)} H^{(0)}[\mathfrak{f}_i^{(0)}, \mathfrak{u}] \\ & \qquad + D^{(0)}[\mathfrak{f}_i^{(1)}\mathfrak{u}] - \lambda_i^{(0)} H^{(0)}[\mathfrak{f}_i^{(1)}, \mathfrak{u}] = 0\,. \end{aligned}\right\} \tag{184}$$

Wählt man für $\mathfrak{u}$ solche Funktionen, die überall verschwinden, ausgenommen in einer beliebig kleinen Umgebung eines inneren Punktes bzw. eines Randpunktes unseres Grundgebietes, so ergibt sich mit Hilfe der GREENschen Formel (ähnlich wie im 3. Paragraphen) die Differentialgleichung für $\mathfrak{f}_i^{(1)}$ [1]:

$$\nabla C^{(0)} \nabla \mathfrak{f}_i^{(1)} + \varrho^{(0)} \lambda_i^{(0)} \mathfrak{f}_i^{(1)} = -(\nabla C^{(1)} \nabla \mathfrak{f}_i^{(0)} + \varrho^{(1)} \lambda_i^{(0)} \mathfrak{f}_i^{(0)} + \varrho^{(0)} \lambda_i^{(1)} \mathfrak{f}_i^{(0)}) \quad (185)$$

und die Randbedingungen für freie Ränder:

$$\mathfrak{n} C^{(0)} \nabla \mathfrak{f}_i^{(1)} = -\mathfrak{n} C^{(1)} \nabla \mathfrak{f}_i^{(0)}, \quad (186)$$

während auf einem festen Rand natürlich auch $\mathfrak{f}_i^{(1)}$ verschwinden muß. Dadurch ist zwar $\mathfrak{f}_i^{(1)}$ eindeutig bestimmt, aber das Randwertproblem Gl. (185) u. (186) wird wohl nur in den wenigsten Fällen lösbar sein, selbst wenn das ungestörte Problem exakt gelöst werden kann. Setzt man aber in Gl. (184) für $\mathfrak{u}$ der Reihe nach alle ungestörten Eigenfunktionen ein, so erhält man die Entwicklungskoeffizienten von $\mathfrak{f}_i^{(1)}$ nach diesen Funktionen:

$$H^{(0)}\left[\mathfrak{f}_i^{(1)}, \mathfrak{f}_k^{(0)}\right] = \frac{D^{(1)}\left[\mathfrak{f}_i^{(0)}, \mathfrak{f}_k^{(0)}\right] - \lambda_i^{(0)} H^{(1)}\left[\mathfrak{f}_i^{(0)}, \mathfrak{f}_k^{(0)}\right]}{\lambda_i^{(0)} - \lambda_k^{(0)}} \quad \text{für } k \neq i \quad (187),$$

während für $k = i$ einfach $H^{(0)}\left[\mathfrak{f}_i^{(1)}, \mathfrak{f}_i^{(0)}\right] = 0$ gesetzt werden kann. Für K_i ergibt sich damit:

$$K_i = K_i\left[\mathfrak{f}_i^{(1)}\right] = \sum_{k=1}^{\infty}{}' \frac{\left(D^{(1)}\left[\mathfrak{f}_i^{(0)}, \mathfrak{f}_k^{(0)}\right] - \lambda_i^{(0)} H^{(1)}\left[\mathfrak{f}_i^{(0)}, \mathfrak{f}_k^{(0)}\right]\right)^2}{\lambda_i^{(0)} - \lambda_k^{(0)}} \text{ [2]}. \quad (188)$$

Die Glieder mit $k < i$ ergeben also positive, alle übrigen aber negative Beiträge. Kennen wir neben $\mathfrak{f}_i^{(0)}$ wenigstens alle *tieferen* ungestörten Eigenfunktionen $(\mathfrak{f}_1^{(0)}, \mathfrak{f}_2^{(0)}, \ldots, \mathfrak{f}_{i-1}^{(0)})$, so können wir K_i in zwei Summanden zerlegen:

$$K_i\left[\mathfrak{f}_i^{(1)}\right] = \sum_{k=1}^{i-1} \frac{\left(D^{(1)}\left[\mathfrak{f}_i^{(0)}, \mathfrak{f}_k^{(0)}\right] - \lambda_i^{(0)} H^{(1)}\left[\mathfrak{f}_i^{(0)}, \mathfrak{f}_k^{(0)}\right]\right)^2}{\lambda_i^{(0)} - \lambda_k^{(0)}} + K_i[\mathfrak{h}_i] \quad (189)$$

und $\mathfrak{h}_i$ muß diejenige Funktion sein, für welche $K_i[\mathfrak{h}_i]$ unter den Nebenbedingungen

$$H^{(0)}\left[\mathfrak{h}_i, \mathfrak{f}_i^{(0)}\right] = 0 \qquad \text{für } k \leq i \quad (190)$$

nicht nur stationär wird, sondern zum absoluten *Minimum*. Zur *Abschätzung von* $K_i[\mathfrak{h}_i]$ nach oben kann man daher an Stelle von $\mathfrak{h}_i$ eine Näherungsfunktion $\mathfrak{g}_i$ einsetzen, wobei man einen linearen Ansatz

---

[1] Setzt man mit SCHRÖDINGER [19] die Reihenentwicklungen für C, ϱ, λ_i und f_i in die Differentialgleichung (45) und die Randbedingung Gl. (46) ein und ordnet nach Potenzen von α, so erhält man zwar die Gl. (185) und (186) direkt als Koeffizienten von α^1, dafür aber die Gl. (169), (180) und vor allem (181) erst nach längeren, mühsamen Umformungen. Vgl. hierzu auch CH 296—300 sowie die fast ausschließlich von Störungsrechnung (auch in höheren Näherungen) handelnde Arbeit von MEYER ZUR CAPELLEN [13].

[2] Diese Formel wurde zuerst von SCHRÖDINGER [19] aufgestellt. — Der Apostroph am Summenzeichen bedeutet, daß das Glied mit $i = k$ wegzulassen ist. Dagegen müssen bei freien Rändern im allgemeinen die sechs Eigenfunktionen des Eigenwerts Null mitberücksichtigt werden (vgl. § 10).

$$\mathfrak{g}_i[\mathfrak{x}] = \sum_{l=1}^{n} y_{il}\, \mathfrak{v}_l[\mathfrak{x}] \quad \text{mit} \quad H^{(0)}[\mathfrak{v}_l, \mathfrak{f}_k^{(0)}] = 0 \quad \text{für } k \leq i \tag{191}$$

verwenden und die y_{il} so bestimmen kann, daß $K_i[\mathfrak{g}_i]$ minimal wird. Am besten normiert man die $\mathfrak{v}_l$ gleich zu Anfang so, daß

$$D^{(0)}[\mathfrak{v}_l, \mathfrak{v}_m] - \lambda_i^{(0)} H^{(0)}[\mathfrak{v}_l, \mathfrak{v}_m] = \delta_{lm} \quad ; \tag{192}$$

dann ergibt sich (als einzige Lösung) einfach

$$y_{ik} = -\left(D^{(1)}[\mathfrak{f}_i^{(0)}, \mathfrak{v}_k] - \lambda_i^{(0)} H^{(1)}[\mathfrak{f}_i^{(0)}, \mathfrak{v}_k]\right) \tag{193}$$

und

$$K_i[\mathfrak{g}_i] = -\sum_{k=1}^{n} \left(D^{(1)}[\mathfrak{f}_i^{(0)}, \mathfrak{v}_k] - \lambda_i^{(0)} H^{(1)}[\mathfrak{f}_i^{(0)}, \mathfrak{v}_k]\right)^2 . \tag{194}$$

$K_i[\mathfrak{h}_i]$ kann also in die Schranken

$$K_i[\mathfrak{g}_i] \geq K_i[\mathfrak{h}_i] \geq -\frac{\left(q_{max}\sqrt{\lambda_i^{(0)}\lambda_{i+1}^{(0)}} + p_{max}\,\lambda_i^{(0)}\right)^2}{\lambda_{i+1}^{(0)} - \lambda_i^{(0)}} \tag{195}$$

eingeschlossen werden, wobei sich die obere Schranke mit Hilfe der Formeln des 11. Paragraphen und der Schwarzschen Ungleichung aus Gl. (183) und (190) ergibt.

Schließlich müssen wir noch den Fall besprechen, daß $\lambda_i^{(0)}$ *ein mehrfacher Eigenwert des ungestörten Systems ist. Hat dann die zugehörige Säkulargleichung* (174) *nur einfache Wurzeln, so genügen folgende Änderungen*:

1. An Stelle der $\mathfrak{f}_l^{(0)}$ setze man die aus Gl. (175) berechneten $\mathfrak{g}_l^{(0)}$.
2. Gl. (187) gilt nur für $k < i$ und $k > i + p$.
3. In der Summe von Gl. (188) lasse man alle Glieder mit $i \leq k \leq i + p$ weg.
4. In Gl. (190) u. (191) setze man $k \leq i + p$ statt $k \leq i$.
5. In Gl. (195) setze man $\lambda_{i+p+1}^{(0)}$ statt $\lambda_{i+1}^{(0)}$.

Hat dagegen die Säkulargleichung (174) *mehrfache Wurzeln*:

$$\lambda_j^{(1)} = \lambda_{j+1}^{(1)} = \cdots = \lambda_{j+q}^{(1)}, \qquad i \leq j < j + q \leq i + p , \tag{196}$$

so müssen die zugehörigen $\lambda_l^{(2)}$ aus der Säkulargleichung

$$\det\left[q_{lm}^{(2)} + \sum_{k=1}^{i-1} \frac{q_{lk}^{(1)} q_{mk}^{(1)}}{\lambda_i^{(0)} - \lambda_k^{(0)}} - \sum_{k=i+p+1}^{\infty} \frac{q_{lk}^{(1)} q_{mk}^{(1)}}{\lambda_k^{(0)} - \lambda_i^{(0)}} - \delta_{lm}\,\lambda^{(2)}\right] = 0 \tag{197}$$

bestimmt werden, wobei analog zu Gl. (172) die Abkürzung

$$q_{lm}^{(2)} = D^{(2)}[\mathfrak{f}_l^{(0)}, \mathfrak{f}_m^{(0)}] - \lambda_i^{(0)} H^{(2)}[\mathfrak{f}_l^{(0)}, \mathfrak{f}_m^{(0)}] - \lambda_j^{(1)} H^{(1)}[\mathfrak{f}_l^{(0)}, \mathfrak{f}_m^{(0)}] \tag{198}$$

verwendet wurde.

14. Störungsrechnung bei Gebietsveränderungen.

Die Anwendung der Störungsrechnung auf Gebietsveränderungen hat sich bei der Berechnung von Krystallschwingungen vor allem in zwei Fällen als wertvoll erwiesen: *Erstens* zur Berücksichtigung der kleinen Formänderungen infolge der Wärmeausdehnung der Krystalle, *zweitens* zur Abschätzung der Frequenzdifferenzen, die sich aus den oft unvermeidlichen Abweichungen der gewachsenen oder geschliffenen Krystalle von der geometrischen Idealgestalt ergeben.

Im ersten Fall kann man das „gestörte Gebiet" durch eine lineare Transformation auf das „ungestörte Gebiet" abbilden, indem man geradlinige (aber nicht notwendig rechtwinklige) Koordinaten einführt, die mit dem Krystall fest verbunden sind, so daß die Gleichung der Oberfläche dieselbe bleibt. Dadurch läßt sich — mit Hilfe der Formeln des 2. Paragraphen — die Gebietsveränderung mathematisch auf eine Änderung von ϱ und C zurückführen und es bereitet auch keine Schwierigkeiten, eine gleichzeitige *physikalische* Änderung von ϱ und C mit zu berücksichtigen. Wir wollen dies noch kurz formelmäßig festhalten:

Mit α bezeichnen wir hier die Abweichung von der „normalen" Temperatur T_0:

$$\alpha = T - T_0 \tag{200}$$

und mit $\mathsf{A}_{\mu\nu}$ die Wärmeausdehnungskoeffizienten[1]; ein materieller Punkt des Krystalls wird also — bei Abwesenheit äußerer Kräfte — bei der Erwärmung von $\mathfrak{r}^{(0)}$ nach

$$\mathfrak{r}[\alpha] = \mathfrak{r}^{(0)} + \alpha\, \mathsf{A}\mathfrak{r}^{(0)} \quad \text{mit den Komponenten} \quad x_\mu[\alpha] = x_\mu^{(0)} + \alpha \sum_{\nu=1}^{3} \mathsf{A}_{\mu\nu}\, x_\nu^{(0)} \tag{201}$$

verschoben. Zur Abkürzung und größeren Allgemeinheit wollen wir aber

$$\mathfrak{r}[\alpha]\,\mathsf{B} = [\alpha]\,\mathfrak{r}^{(0)} \quad \text{mit den Komponenten} \quad x_\mu[\alpha] = \sum_{\nu=1}^{3} \mathsf{B}_{\mu\nu} x_\nu^{(0)} \tag{202}$$

setzen[2], wobei B ein symmetrischer Tensor mit positiv-definiter Matrix sein soll. Nun führen wir neue, von α abhängige Koordinaten ein:

$$x'^{\beta} = \sum_{\mu=1}^{3} \mathsf{B}^{-1}_{\beta\mu}\, x_\mu\,, \tag{203}$$

wobei B^{-1} die zu B reziproke Matrix bezeichnet. Dann sind die kontravarianten Komponenten eines *materiellen* Punktes tatsächlich für alle B (also auch für alle α) dieselben; dagegen ergibt sich aus Gl. (31) und (203):

$$C'^{\beta\gamma\delta\varepsilon} = \sum_{\mu,\nu,\sigma,\tau=1}^{3} \mathsf{B}^{-1}_{\beta\mu}\, \mathsf{B}^{-1}_{\gamma\nu}\, \mathsf{B}^{-1}_{\delta\sigma}\, \mathsf{B}^{-1}_{\varepsilon\tau}\, C_{\mu\nu\sigma\tau}\,, \tag{204}$$

während wir an Stelle der skalaren Dichte ϱ den symmetrischen Tensor

$$\mathsf{P}'_{\beta\gamma} = \varrho g'_{\beta\gamma} = \varrho \sum_{\mu=1}^{3} \mathsf{B}^{-1}_{\beta\mu}\, \mathsf{B}^{-1}_{\gamma\mu} \tag{205}$$

setzen müssen, um die Gebietsveränderungen völlig auf eine Änderung der Differentialgleichungs-Koeffizienten zurückzuführen[3]. Natürlich

[1] Voigt [23] setzt $\mathsf{A}_{\mu\nu} = a_i$ ($i = 1, 2, \ldots, 6$; s. Gl. (4)).

[2] Die Gln. (202) bis (206) gelten nämlich exakt, d. h. auch dann, wenn sich B wesentlich von der Einheitsmatrix unterscheidet.

[3] Der Faktor $\sqrt{g}$ kürzt sich bei der Bildung des L-Wertes weg und kann daher von vorneherein fortgelassen werden (vgl. Gl. (30)).

sind in den beiden letzten Gleichungen auf der rechten Seite jeweils die physikalischen Werte von C und ϱ *bei der betreffenden Temperatur* einzusetzen, also für ϱ:

$$\varrho = \varrho[\alpha] = \varrho^{(0)} \cdot \det\left[\mathsf{B}_{\beta\mu}^{-1}\right] \cdot \tag{206}$$

Die Ersetzung von ϱ durch einen Tensor macht mathematisch keine Schwierigkeiten; alle Verfahren der letzten Paragraphen können ohne weiteres auch auf diesen Fall angewandt werden und nur bei der Aufstellung von Schranken für die Eigenwerte nach Gl. (154) bis (161) muß natürlich auch zur Berechnung der Extrema von p eine (dreireihige) Säkulargleichung aufgelöst werden, analog zu Gl. (157) für q.

Im zweiten Fall wäre eine Abbildung des gestörten Gebiets auf das ungestörte im allgemeinen viel zu kompliziert. Wir müssen deshalb versuchen, die Abhängigkeit der Eigenwerte vom Gebiet wenigstens in erster Näherung direkt zu berechnen. — Es sei $G^{(0)}$ das „ungestörte Gebiet", G das „gestörte Gebiet" und

$$G^{(1)} = G - G^{(0)} \tag{207}$$

der neu hinzugekommene Gebietsstreifen. Wir wollen vorläufig annehmen, daß $G^{(0)}$ ein Teilgebiet von G sei und ausdrücklich *voraussetzen, daß ϱ und C in $G^{(0)}$ unverändert bleiben.*

Bei freien Rändern ist der Funktionenraum $\mathfrak{D}$ für $G^{(0)}$ und G praktisch derselbe, wenn wir auch hier die Orthogonalitätsbedingungen Gl. (51) fortlassen (vgl. Abschn. 10): In beiden Fällen wird nur noch die stückweise Stetigkeit der Ableitungen verlangt, wenn auch in etwas verschiedenen Grundgebieten. Insbesondere ist also jede Eigenfunktion $\mathfrak{f}_i^{(0)}$ des ungestörten Gebiets zum Variationsproblem $L = \text{Extr.}$ für das gestörte Problem zugelassen, wenn sie in $G^{(1)}$ stetig und mit stückweise stetigen Ableitungen fortgesetzt werden kann; dies erreicht man am einfachsten, indem man längs der äußeren Normalen von $G^{(0)}$ den Funktionswert konstant läßt. Da wir ferner annehmen dürfen, daß in allen praktisch vorkommenden Fällen die Eigenwerte stetig vom Grundgebiet abhängen[1], folgt wie im 12. Paragraphen, daß *in erster Näherung*

$$\lambda_i[\alpha] \cong L[\mathfrak{f}_i^{(0)}] = \frac{\int\limits_G (\nabla, \mathfrak{f}_i^{(0)})\, C\, (\nabla, \mathfrak{f}_i^{(0)})\, dS}{\int\limits_G \varrho\, \mathfrak{f}_i^{(0)}\, \mathfrak{f}_i^{(0)}\, dS} \tag{208}$$

ist oder also für normierte Eigenfunktionen:

$$\lambda_i^{(1)} = \int\limits_{G^{(1)}} \{(\nabla, \mathfrak{f}_i^{(0)})\, C(\nabla, \mathfrak{f}_i^{(0)}) - \varrho\, \mathfrak{f}_i^{(0)}\, \mathfrak{f}_i^{(0)}\}\, dS\,. \tag{209}$$

Ist $G^{(0)}$ kein reines Teilgebiet von G, ist also G an manchen Stellen kleiner als $G^{(0)}$, so sind natürlich diejenigen Gebietsstreifen, welche zu $G^{(0)}$ gehören, aber nicht zu G, negativ zu rechnen. In jedem Falle kann man für die erste Näherung in Gl. (209) an Stelle von $\mathfrak{f}_i^{(0)}[\mathfrak{r}]$ einfach den Funktionswert im nächsten Randpunkt von $G^{(0)}$ einsetzen.

[1] Vom rein mathematischen Standpunkt aus ist dies eine schwierige Frage (vgl. CH 339—342).

Bei festem Rand dagegen ist der Funktionenraum $\mathfrak{D}$ wesentlich von der Gestalt des Grundgebiets abhängig, da ja die Erfüllung der Randbedingung $\mathfrak{v} = 0$ gefordert wird. Man muß daher in Gl. (208) die Funktion $\mathfrak{f}_i^{(0)}$ durch eine Funktion $\mathfrak{h}_i$ ersetzen, welche die Randbedingung auf dem „gestörten Rand" erfüllt, aber wenigstens „in nullter Näherung" mit $\mathfrak{f}_i^{(0)}$ übereinstimmt: d. h. es muß zwei positive Zahlen α_i und M_i geben, so daß

$$D[\mathfrak{h}_i - \mathfrak{f}_i^{(0)}, \mathfrak{h}_i - \mathfrak{f}_i^{(0)}] < \alpha^2 M_i \qquad \text{für } |\alpha| < \alpha_i . \tag{210}$$

Die Berechnung der ersten Näherung ist daher bei fester Oberfläche viel komplizierter als bei freier. Dafür gibt es gerade *bei festem Rand* einen sehr einfachen *Einschließungssatz*:

$$\lambda_i \leq \lambda_i^{(0)} \qquad \text{wenn} \qquad G^{(0)} \in G \tag{211}$$

oder in Worten: *Ist $G^{(0)}$ ein Teilgebiet von G, wird also durch die Störung das Grundgebiet nirgends verkleinert, so kann kein Eigenwert steigen* (vgl. CH 331). — Zum Beweise benutzt man das RITZsche Verfahren mit den n-Koordinatenfunktionen $\mathfrak{v}_1, \mathfrak{v}_2, \ldots, \mathfrak{v}_n$, wobei $\mathfrak{v}_l = \mathfrak{f}_l^{(0)}$ in $G^{(0}$ und $\mathfrak{v}_l = 0$ in $G^{(1)}$ gesetzt wird. Dann wird nämlich

$$H[\mathfrak{v}_l, \mathfrak{v}_m] = H^{(0)}[\mathfrak{f}_l^{(0)}, \mathfrak{f}_m^{(0)}] = \delta_{lm}$$

und

$$D[\mathfrak{v}_l, \mathfrak{v}_m] = D^{(0)}[\mathfrak{f}_l^{(0)}, \mathfrak{f}_m^{(0)}] = \lambda_l^{(0)} \delta_{lm} ;$$

die $\mathfrak{v}_l$ sind also nach Gl. (72) gerade die RITZschen Lösungsfunktionen und ihre L-Werte die RITZschen L_i. Aus Gl. (79) folgt daher

$$\lambda_i \leq L_i = L[\mathfrak{g}_i] = \lambda_i^{(0)} ,$$

womit die Behauptung bewiesen ist. — *Bei freien Rändern läßt sich kein analoger Satz aufstellen*; vielmehr kann man leicht Beispiele dafür angeben, daß ein Eigenwert größer oder kleiner wird, je nachdem an welcher Stelle des Randes das Grundgebiet vergrößert wird (vgl. Gl. (209)).

Literaturverzeichnis.

C: COLLATZ, L.: Z. angew. Math. Mech. **19**, 224 (1939)[1].

CE: — Eigenwertprobleme und ihre numerische Behandlung, Leipzig 1945.

CH: COURANT, R., u. D. HILBERT: Methoden der math. Physik I, Grundlehren der math. Wissensch., Bd. XII[1].

CH II: — — Methoden der math. Physik II, Grundlehren der math. Wissenschaften, Bd. XLVIII[1].

H: Handbuch der Physik, Herausg. H. GEIGER u. K. SCHEEL, Bd. VI[1].

1. BECHMANN, R.: Z. Physik **117**, 180 (1941) und **122**, 510 (1944).
2. EDDINGTON, A. S.: Relativitätstheorie in math. Darstellung, Grundlehren der math. Wissensch., Bd. XVIII.
3. FREDHOLM, J.: Acta math. **23**, 41 (1900).
4. GRAMMEL, R.: Ing.-Arch. **10**, 35 (1939).

[1] Die Zahlen nach diesen Abkürzungen (C, CH, H) bezeichnen die betreffende Seite.

5. HOHENEMSER, K.: Die Methoden zur angenäherten Lösung von Eigenwertproblemen in der Elastokinetik. Berlin 1932. Ergebnisse der Mathematik und ihrer Grenzgebiete I, 4.
6. KOCH, J. J.: Verhandlung 2. Internationaler Kongreß für technische Mechanik. Zürich 1926, S. 213—218.
7. LAMB, Proc. Lond. Math. Soc. XIII (1882) und XIV (1883).
8. MAC DONALD, J. K. L.: Physic Rev. **43**, 830 (1933).
9. MADELUNG, E.: Die mathematischen Hilfsmittel des Physikers; Grundlehren der mathematischen Wissenschaften, Bd. IV., 3. Aufl. 1936.
10. MAEHLY, H.: Helv. physica acta **18**, 248 (1945) und **19**, 412 (1946).
11. — u. A. TROESCH: Helv. physica acta **20**, 253 (1947).
12. MAEHLY, H. demnächst.
13. MEYER ZUR CAPELLEN, W.: Ann. Physik (5), **8**, 297—352 (1931).
14. NEWING, R. A.: Philos. Mag. J. Sci. VII, **24**, 114 (1937).
15. ORTVAY, R.: Ann. Physik (4), **42**, 745 (1913).
16. RITZ, W.: Gesammelte Werke, S. 192—316. Paris 1911 oder: Ann. Physik (4), **28**, 737—786 (1909).
17. SCHAEFER, CL.: Einführung in die theoretische Physik I. Leipzig 1914.
18. SCHIFFMAN, T., u. H. ECKSTEIN: Physic Rev. 77, 757, (1950).
19. SCHROEDINGER, E.: Ann. Physik (4), **80**, 437 (1926).
20. TEMPLE, G.: Proc. Lond. Math. Soc. II, **29**, 257 (1929).
21. TRAENKLE: Ing.-Arch. **1**, 499 (1930).
22. TREFFTZ, E.: Math. Ann. **108**, 595 (1933).
23. VOIGT, W.: Lehrbuch der Krystallphysik. Teubner 1928.
24. WEINSTEIN, D. H.: Proc. Nat. Acad. Sci. of USA. **20**, 529 (1934).
25. WIERZEJEWSKI, H.: Z. Kristallogr., Mineral. Petrogr. A **101**, 94 (1939).
26. WOOSTER, W. A.: Crystal Physics. Cambridge 1938.

(Abgeschlossen im Februar 1950.)

Lebenslauf.

Ich wurde am 25. Juni 1920 in Basel geboren, besuchte dort Primarschule und Realgymnasium und bestand im Frühjahr 1939 das Maturitätsexamen. Nach einem Semester an der Universität Basel trat ich im Herbst 1939 in die Abteilung für Mathematik und Physik an der ETH ein. Ich hörte Vorlesungen der Herren Professoren Favre, Gonseth, Hopf, Kollros, Saxer, Scherrer, Tank und Wentzel und war im Wintersemester 1941/42 Hilfsassistent für Mechanik bei Herrn Prof. Ziegler. Im Februar 1944 erwarb ich das Diplom als Experimentalphysiker mit einer Arbeit über das elastische Verhalten des seignette-elektrischen Kaliumphosphats. Im Sommersemester 1946 und Wintersemester 1946/47 war ich als Assistent von Herrn Prof. Dr. P. Scherrer tätig, danach etwas über ein Jahr als „Ingenieur II. Kl.“ an der Abt. für Versuche und Forschung der PTT in Bern. In den Jahren von 1944 bis 1947 habe ich mich vor allem mit numerischen Berechnungen der Schwingungen von Platten und Stäben aus isotropem und krystallinem Material beschäftigt; die vorliegende Dissertation gibt eine Übersicht über die Näherungsmethoden, die ich bei diesen Berechnungen kennen gelernt und zum Teil weiter entwickelt habe.

Schluß.

Bei der Allgemeinheit des hier behandelten Problems ist es unmöglich, ein festes Schema für die Berechnung der Eigenwerte aufzustellen. Die Erfahrung hat vielmehr gezeigt, daß selbst bei physikalisch nah verwandten Problemen oft ganz verschiedene Methoden verwendet werden müssen, und daß dieselbe Genauigkeit bei der Verwendung einer geeigneteren Methode vielleicht zehnmal schneller erreicht werden kann, als nach einer anderen. Zur Berechnung guter Näherungen wird es daher stets von Vorteil sein, sich zuerst gründlich in das vorliegende Problem und in die verschiedenen Näherungsmethoden einzuarbeiten, bevor man die mühsame Rechenarbeit beginnt.

Meinem verehrten Lehrer, Herrn Prof. Dr. P. Scherrer sowie Herrn Prof. Dr. H. Ziegler danke ich herzlich für das Interesse an dieser Arbeit und viele wertvolle Hilfen. Für weitere Ratschläge und Diskussionen bin ich außerdem Herrn Prof. Dr. M. Plancherel, Herrn Prof. Dr. E. Stiefel und meinen Kollegen Dr. H. Baumgartner, Dr. A. Houriet, Dr. R. Meyer, A. Troesch und Dr. F. Villars zu großem Dank verpflichtet.

Physikalisches Institut der ETH, Zürich.

Februar 1949.

MIX
Papier aus verantwortungsvollen Quellen
Paper from responsible sources
FSC® C105338

If you have any concerns about our products,
you can contact us on
ProductSafety@springernature.com

In case Publisher is established outside the EU,
the EU authorized representative is:
Springer Nature Customer Service Center GmbH
Europaplatz 3, 69115 Heidelberg, Germany

Printed by Libri Plureos GmbH
in Hamburg, Germany